よくわかる 水環境と水質

―― 改訂2版 ――

武田育郎［著］

改訂２版によせて

本書は2010年に出版した『よくわかる水環境と水質』（オーム社）の改訂版である．もともとこの本は2001年に出版した『水と水質環境の基礎知識』（オーム社）が下敷きとなっているが，一部には古くなったところが見られるようになった．

幸いにしてこれらの本は予想よりも多い読者に恵まれ，2010年出版の本はいくつかの大学や高等専門学校などで，必携の教科書として利用していただいているようである．知己でない先生がたばかりで，たいへんありがたいことである．また，たしかに古くなった部分があるとはいえ，基本的なところや以前からある問題の根幹は，2001年版からみてもあまり変わっていないようにも思える（「あとがき」も2001年版のままであった）．

このようなことから，この改訂版では基本的な枠組みなどはそのままとし，主として古くなった数値や出典を改め，その後の経緯などを追加した．しかし，統計の集計方法や情報公開の考え方が変わるなどして，更新が難しいものもあった．古い情報は削除するべきかもしれないが，その時点での状況を表しているものとして，できるだけ残すこととした．

なお，各章のおわりにあった「Webサイト」は2022年の電子版では削除したが，「参考図書」も，Web検索や生成AIなどから豊富な情報が入手できる時代となったので（重要なものは本文で引用しているので）削除することとした．

とはいえ，あまりに情報が多いとかえって迷いが生じ，生成AIのWeb探索速度には脱帽するものの，100％信頼してよいかという疑問も生じる．本書の体系を参考にしていろいろな角度から探索をすると，意外なつながりや発見があると思う．著者としてはそのような活用も期待しているところである．

最後にオーム社の方々には改訂版を出版するご提案をいただき，編集の過程でたいへんお世話になった．ここに深甚なる謝意を表したい．

2024年8月

著 者 記 す

はじめに

著者は，いくつかの大学で水環境と水質に関する講義をした後で，今後の水環境と水質には何が必要かを学生諸君に書いてもらうことにしている．すると,「水に対する意識や価値観の変革」をあげる学生が多いことがわかる．すなわち，これまでの経済効率や開発を優先させるような考えを改め，多くの人が水資源の有限性や水の汚濁に対する脆弱性を十分に認識することがまず必要である，との主旨のレポートが多い．あるいはまた，現代人がいつのまにか忘れ去った，水に対する感謝や畏敬の念を再認識するべきだ，とする意見もある．さらに，今まで便利で豊かな生活を当たり前のこととして享受してきたであろう若者の中にも，多少の不便を承知の上で部分的に生活レベルを下げることを考えるべきではないか，とする学生もいることに気づかされる．しかしながら,「意識や価値観の変革」は，言うことは容易であるが，その実効性には多くの課題があると言わざるをえない．しかし，まず，水についての理解を現在よりも深めることが，こうしたことの第一歩となると思われる．

一方で現代は，学問や社会が細分化され，なかなか全体像がみえにくい時代でもある．水環境と水質に関する事柄についても，細かく小さな部分に分けられ，相互の関連性がわかりにくいように思える．しかしながら，水はあらゆる所でつながっているとみるべきで，本来は細分化とは無縁のはずである．

このようなことから2001年に，水環境と水質に関する自然のしくみと社会のしくみを可能な限り体系的にまとめ,「水と水質環境の基礎知識」（オーム社）を出版した．幸いにしてこの本は予想よりも多い読者を得ることができたが，基準や対策のなかには，若干古くなったものが散見されるようになった．そこで本書では，全体の内容を現在の観点からいま一度見直し，さらなる理解の助けとなる演習問題とその詳しい解答を設けることとした．また，関連するWebサイトや参考となる書籍をいくつか紹介した．

読者の対象としては，広く環境系の大学生・大学院生や，水質環境に関心のある一般の方を想定し，できる限り専門用語を使用しない（あるいは近くに簡単な説明を加える）ことを心がけた．また，図表を多く作成し，視覚的な理解にも役立つように努めた．

内容には万全を期したが，もとより浅学非才ゆえ，誤っている箇所があることも考えられる．忌憚のないご批判をいただければ幸いである．なお，本書では，より包括的な理解を優先させたため，厳密性を若干欠いている部分があることをお断りしておきたい．

本書をまとめるにあたって，多くの方々から貴重なアドバイスやディスカッションをいただいた．また，オーム社出版局の方々には，本書を出版するご提案をいただき，編集の過程でたいへんお世話になった．ここに，深甚なる謝意を表したい．

2010年8月

著者記す

目　　次

1章　現代社会と水環境のかかわり

2章　水と水質を科学する

3章　水質指標を測定する

4章　物質循環から水環境を考える

5章　水環境に関する法的規制

6章　生活排水の実態とその対策

7章　面源汚濁の実態とその対策

8章　モデルから水環境を予測する

9章　新しい水環境を創る

1章

現代社会と水環境のかかわり

1.1　水資源の危機
1.2　世界と日本の水資源
1.3　水質汚濁の種類
1.4　地球環境時代の幕開け
1.5　安全からリスクの時代へ

1.1 水資源の危機

現在，私たちの身近にある文明の利器の発達はめざましく，さまざまな活動に伴う利便性や快適性は著しく向上した．しかしながら，ひと昔前ならばそこかしこに流れていたきれいな水は姿を消し，良好な水資源の多くを失ってしまった．たしかに，見た目がきれいで涼しげな流れは，公園や遊歩道の脇などで多く目にするようになったが，昔のようにその水を飲めるか，あるいはそこまでしなくても，野菜が洗えるか，お米を炊けるかと問われると，その答えは否であろう．また，水道水の質的な低下を，さまざまなところで耳にするようになった．

そして現代では，おいしい水はコンビニエンスストアやショッピングセンターに行き，ショーケースにきれいに陳列されたペットボトルに入ったミネラルウォーター（多くはナチュラルミネラルウォーター）を買ってくるということが一般的になった．ミネラルウォーターの消費量の増加はめざましく，2007年の消費量250億L（国内生産量＋輸入量）は，1990年当時の約15倍に相当している．こうしたミネラルウォーターの価格などについて少し考えてみると，意外なことに気づかされる（**図1・1**）．

まず，水道水の価格と比較すると，水道料金は地域による差が大きいが，2019年時点での全国的な平均値は，約168円/m^3（0.168円/L）である．また，ミネラルウォーターには，いろいろな容量のボトルがあるが，コンビニエンスストアなどで売られているもののうち最も単価が高いものは，500 mLのボトルで120円（240円/L）程度である．これは，水道料金の全国平均の約1 600倍に相当する．あるいは，2 L入りのボトルでは70円/L程度となる．

一方，私たちの便利な文明生活を送るうえで欠かせないものにレギュラーガソリンがある．その小売価格は社会情勢によって変化するが，100円/L（本書の前身『水と水質環境の基礎知識』刊行の2001年当時）とすると，約60％は税金（揮発油税，地方道路税，それに石油税）であるので，正味のガソリンの価格は約40円/Lということになる．

ミネラルウォーターは，単に湧水や地下水をボトリングしているわけではなく，ろ過や殺菌などの工程が施されているが，我が国でおいしい水を飲もうとす

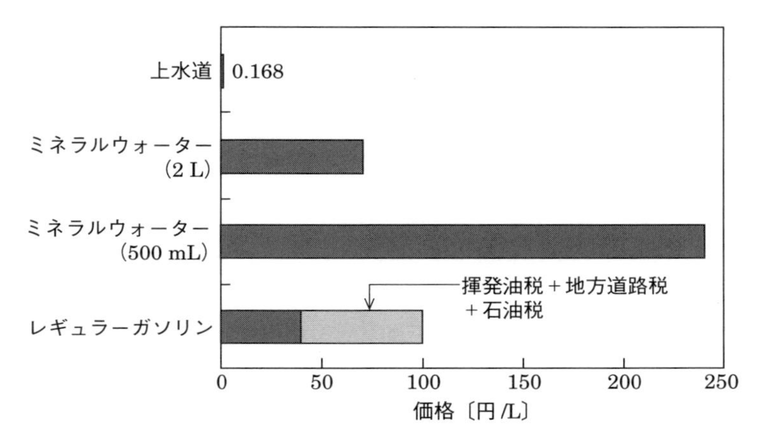

図1・1　飲料水とガソリンの価格（上水道は給水原価，ミネラルウォーターは目安値，レギュラーガソリンは100円/Lとした場合のプロット）

ると，遠く中近東などからタンカーで運ばれ，現代科学の粋を集めて燃焼効率を上げ，排ガス規制をクリアしたガソリンよりも高い代金を支払わなくてはならないということに気づかされる．世界にはガソリンよりも水の値段の方が高いという乾燥した国や，水よりもワインの方が安いという国があるが，「豊葦原の水穂の国」と呼ばれる湿潤な日本でも，おいしい水の価格はガソリンよりも高いということが一般化した現状となった．こうした比較は，いささか単純すぎるかもしれないが，私たちの指向してきた文明の行き先について，深く考えさせるものといえる．

環境問題についてよく知られたたとえ話に，「鍋の中のカエル」の話がある．熱い湯の中にカエルを入れると，カエルはびっくりして鍋から逃げ出すけれども，水の状態からゆっくりと温度を上げていくと，カエルは脱出するタイミングを逸してゆであがってしまう．こうしたことを考えると，私たちのまわりの水環境は，もはや相当深刻なところに来てしまっているというべきであろう．

このような状況になった水環境と水質について，私たちはどのような理解をし，どのように対処してきたかを，これからみていくことにする．

1.2 世界と日本の水資源

1.2.1 地球上の水

まず，水質環境を概観する前に，地球上に存在している水について考えてみよう．**表1・1**には，地球上の水の貯留量や輸送量を示した．「貯留量」とは，それぞれの場所に存在している水量を表しているが，地球上の水は，約96.6％が海水として存在している．また，地下水も多くが塩水であるので，淡水は全体の0.8％くらいしかない．また，私たちが身近に目にする河川や湖沼の水は，全体の0.01％程度しかないことがわかる．

表1・1　地球上の水の貯留量，輸送量，平均滞留時間

場　所	貯留量*1〔1 000 km^3〕	構成割合〔％〕	輸送量*2〔1000 km^3/y〕	水理学的平均滞留時間
海　洋	1 338 000	96.6	418	3 200年
氷　雪	24 064	1.74	2.5	9 600年
地下水	23 400	1.69	12	1 950年
土壌水	16.5	0.00119	76	約80日
湖沼水	187.9	0.01356	—	数年～数百年
河川水	2.12	0.00015	35	約22日
水蒸気	12.9	0.00093	483	約10日
合　計	1 385 683	100	—	—

＊1　国土庁（現 国土交通省）長官官房水資源部編：平成12年度版　日本の水資源，大蔵省印刷局，2000
＊2　榧根勇：水文学，大明堂，1980

水は，海洋から蒸発したものが，やがて雲になって降水として陸域へもたらされ，その水は河川や地中を経由して再び海洋へ戻るという「水循環」の中に存在している．その循環経路の「輸送量」を見ると，貯留量のような極端な差異はなく，河川水の輸送量は海洋の8％程度となっている．

また表1・1には，「水理学的平均滞留時間」という項目がある．これは，「貯留量」を「輸送量」で除したものを意味している．**図1・2**のように，ある容器に一定量Qの流入と流出があり，その結果，水の体積Vが一定である場合を考えたとき，容器の中で水が偏って存在しないならば，VをQで除した時間で，

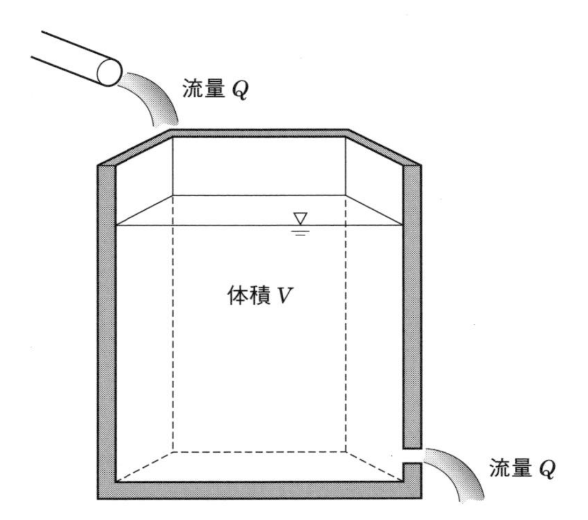

図 1・2　水理学的平均滞留時間

体積 V の水が 1 回入れ替わることを意味している．この時間を「水理学的平均滞留時間」といい，表 1・1 以外にも，水質の変化や汚濁物質の浄化を考えるうえで，重要なファクターとなっている．

1.2.2　日本の水利用

図 1・3 に日本の水利用状況を示す．日本の 1992 年～ 2021 年までの 30 年間の年間降水量の平均は 1 733 mm であるが，このうちの 609 mm は蒸発散として大気中に揮散し，残りの 1 124 mm が海域へ流出する．この間に陸域で人間活動に使われる水の主な用途は，生活用水，工業用水，それに農業用水であり，その割合はそれぞれ，20.1，12.9，67.0％に相当している．

図 1・4 にこれらの水使用量（取水量ベース）の推移を示す．このうち，生活用水の使用量は，2000 年頃までは増加傾向にあるが，その後は横ばいかやや減少し，2019 年には 148 億 m^3（1 人 1 日当たりで 286 L）となっている．一方，工業用水と農業用水では，近年は減少傾向にある．なお，生活用水とは，家庭用水（飲料水，調理，洗濯，風呂，掃除，水洗トイレ，散水など）と都市活動用水

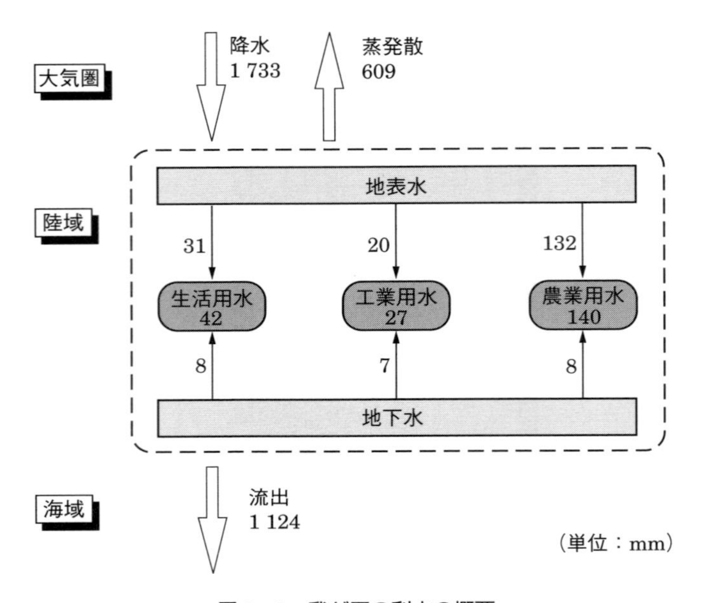

図1・3　我が国の利水の概要

（国土交通省水管理・国土保全局水資源部：令和4年度版　日本の水資源の現況，2022）より作図

（飲食店やデパートなどの営業用水，噴水や公衆トイレ，消火用水など）を合わせたものをいう．

これに関連して，最近注目されている指標にヴァーチャルウォーター（virtual water：仮想水）がある．ヴァーチャルウォーターは，国と国とで行き来する貿易産品を，それを輸入国において生産したときに必要とされる水量として表される．すなわち，貿易産品を輸入するということは，それを生産するために要した水も仮想的に輸入していると考える．たとえば，1t当たりの穀物を生産するために必要な水量は，米3 600 m^3，大麦2 600 m^3，トウモロコシ1 900 m^3であり，畜産物1t当たりでは，牛肉20 600 m^3，豚肉5 900 m^3，鶏肉4 500 m^3である．東京大学の沖 大幹教授らのグループの試算によると，日本が輸入している貿易産品のヴァーチャルウォーターは，年間640億 m^3（トウモロコシ145億 m^3，小麦94億 m^3，牛肉140億 m^3，豚肉36億 m^3，鶏肉25億 m^3，工業製品13億 m^3など）であり，これは図1・4に示す我が国の水使用量（2019年の785億 m^3）の82%に相当し，農業用水（533億 m^3）よりも多い．

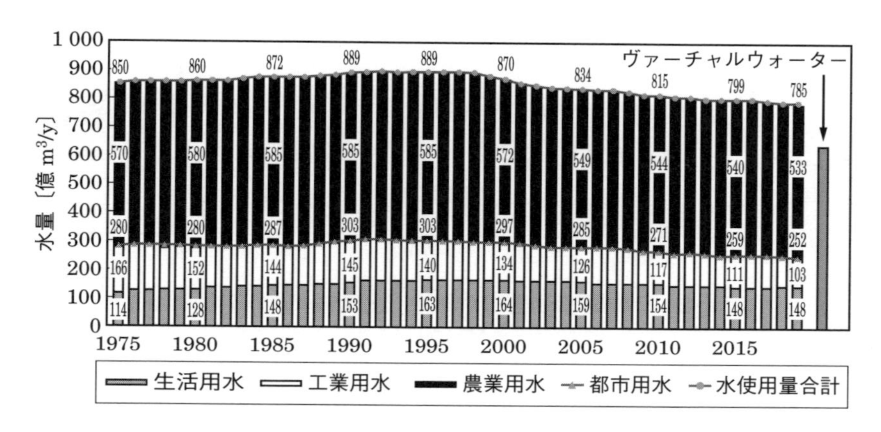

図１・４　我が国の水使用量の推移とヴァーチャルウォーター
（国土交通省水管理・国土保全局水資源部：令和４年度版　日本の水資源の現況，2022　および　沖　大幹：世界の水問題と日本の水資源をつなぐヴァーチャルウォーター，用水と廃水，49，2007）より作図

1.2.3　日本の降水

前項で示したように，日本の最近 30 年間の年間平均降水量は 1 733 mm であるが，**図１・５**は，国土交通省の「日本の水資源の現況（旧：日本の水資源あるいは水資源白書）」に毎年掲載されているものである．これによると，2010 年頃までは全体的に低下傾向とされてきたが，近年の降水量を加えると，必ずしもそのような傾向ではないようである．

一方，近年，局地的な集中豪雨が増加しているのではないかといわれ，「ゲリラ豪雨」や「線状降水帯」などといったことがしばしば報道されるようになった．気象庁は「極端現象のこれまでの変化」としてさまざまなグラフを Web 公開しているが，**図１・６**では，全国約 1 300 カ所のアメダス（automated meteorological data acquisition system：AMeDAS）によって観測された１時間降水量 50 mm 以上の年間発生回数の推移を表している．そして「統計期間 1976～2022 年で 10 年あたり 28.7 回の増加，信頼水準 99％で統計的に有意」，「これらの変化には地球温暖化が影響している可能性があります」などとしている．

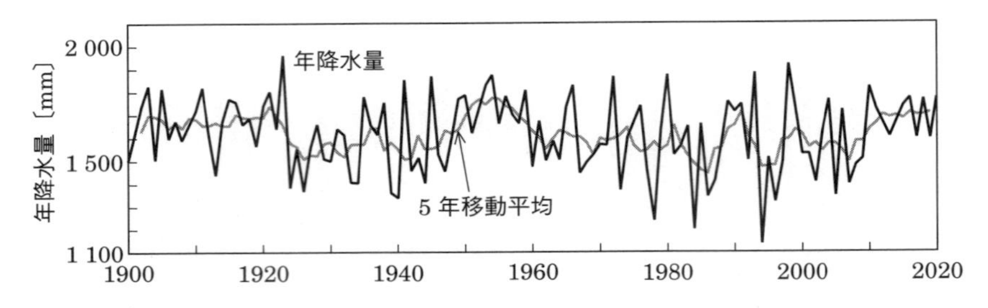

図 1・5　日本の年降水量の経年変化（全国 51 地点の算術平均値）
（国土交通省水管理・国土保全局水資源部：令和 4 年度版　日本の水資源の現況，2022）

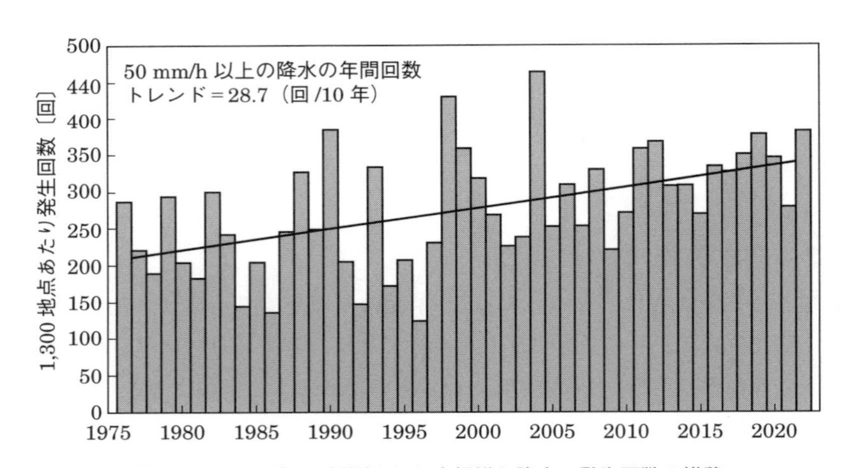

図 1・6　アメダスで観測された大規模な降水の発生回数の推移
・統計期間 1976 ～ 2022 年で 10 年当たり 28.7 回の増加，信頼水準 99％で統計的に有意
・これらの変化には地球温暖化が影響している可能性があります
（気象庁 HP　https://www.data.jma.go.jp/cpdinfo/extreme/extreme_p.html より）

1.3 水質汚濁の種類

水質汚濁を分類すると，**表 1・2** のようになる．これらには，「水質汚濁」と「水質汚染」があるが，両者に明確な区別はないとされている．概して原因物質が，生物の生存を直接的に脅かす可能性のある物質である場合は「汚染」を，有機物や窒素，リンなどのように，本来は生物の生存に必要な物質であるものにつ

いては「汚濁」を用いる場合が多い．また，「汚濁」には文字通り濁った水のイメージがあり，「汚染」では，肉眼では見えないほど小さいか，溶存した状態で存在するものを対象とする場合が多い．

これらのうちのいくつかについて，以下に見ていくことにする．

表1・2 水質汚濁の種類

種 類	主な原因物質
有機物汚濁	有機物質
富栄養化	肥料や生活排水から流れ出る窒素（N），リン（P）
有害物質による汚染	重金属，農薬，有機塩素系化合物，環境ホルモンなど
微生物による汚染	サルモネラ菌，クリプトスポリジウム，病原性大腸菌 O-157 など
油汚染	船舶の廃油や海難事故，あるいは戦争などによる重油流出
熱汚染	発電所や事業所などからの温熱排水
自然汚濁	温鉱泉からの酸性水の流入，沿海地域の地下水の塩水化など

1.3.1 有機物汚濁

水域の有機物汚濁は，動植物の遺骸や人間活動から排出される食物の残渣，あるいは，排泄物によって起こる最も基本的な水質汚濁の一つである．現在稼働している下水処理施設や浄化槽では，汚水中の有機物質を除去することを主要な目的にしている．有機物質は，生物の栄養源となるものでもあるので，その存在自体が生物に直接有害であったり，汚濁した状態にあるとは必ずしもいえない．たとえば，食卓のスープやフルーツジュースの中には多くの有機物質が含まれているが，通常，私たちはこれらを汚濁した水であるとは認識していない．有機物汚濁が問題となるのは，これが水域の特定の場所に停滞し，腐敗して悪臭を放ったり，病原性微生物がいる可能性があるときである．また，有機物が微生物によって分解されるときに溶存酸素が消費されつくすと，嫌気的な状態になり，有害なガスや悪臭を放つことになる．

1.3.2　富栄養化

(1) 富栄養化現象

富栄養化とは，一般に，湖沼や内湾といった閉鎖性の水域において，一次生産者である植物プランクトンの増殖を促す栄養塩の濃度が増加する現象をいう．栄養塩とは，炭素，水素，酸素以外の植物の成育に必要な元素をいい，たとえば，窒素，リン，ケイ素，カルシウム，カリウム，マグネシウム，鉄などがあげられる．この中で，窒素とリンは，水中に存在する量がわずかであるため，富栄養化指標とされている．

本来，湖沼は，自然状態でも貧栄養湖→中栄養湖→富栄養湖に移行し，やがては湿原→森林になる「遷移」の過程があることが知られている．しかし，この変化のスピードはきわめてゆっくりとしていて，何千年，何万年のオーダーでの進行である．近年は，人間活動から排出される汚濁した水によって，この遷移のスピードが早められ，各地で深刻な問題が発生するようになっている．富栄養化現象の原因物質である窒素とリンは，本来生物の栄養源となるので，それ自体が生物の生存を脅かす有害物質ではない．富栄養化で問題となるのは，栄養塩が閉鎖性水域などに過剰に蓄積することによって，特定のプランクトンが異常増殖し，アオコや赤潮の発生による漁業被害，浄水場でのろ過障害や異臭味，ある種の植物プランクトンが放出する悪臭や毒素，などによる良好な水資源の喪失にある．

(2) 富栄養化と魚殺しプランクトン

アメリカのノースカロライナ州のパムリコ湾周辺では，これまでに知られていない，異様な藻類の増殖が問題となっている．これは，**図1・7**に示すような，フィエステリア・ピシシーダ（*Pfiesteria piscicida*）と呼ばれる渦べん毛藻類の一種で，神経毒でしびれさせた魚の肉を食べる，という行動様式をもつ．そして，しばしば魚の大量死をもたらすとされている．通常の食物連鎖では，体の大きい動物が小さい生き物を食べるが，このプランクトンは逆方向の捕食をし，「魚殺し（fish kill）」の異名をもっている．

この神経毒は，魚のみでなく，近くにいる人間にも影響がある．たとえば，目まい，吐き気，失神，頭痛，はれものなどのほか，不可解な怒りの爆発や人が変わったような激昂などの症状を示すこともある．そして，最も特徴的な症状は，短期記憶の消失にある．このプランクトンを調べていた研究者に，短い会話が成

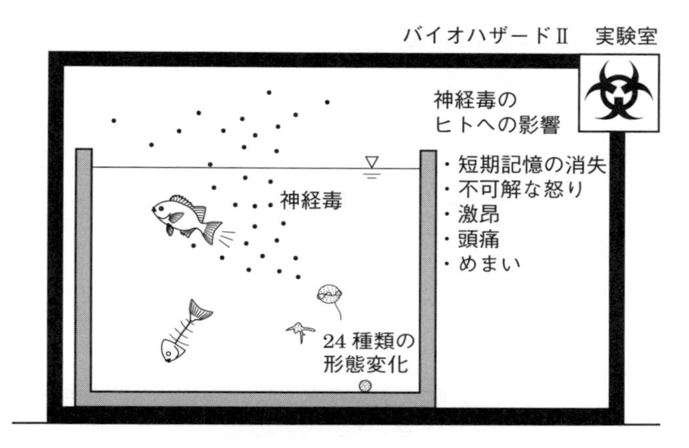

図1・7　魚殺しプランクトンの脅威（イメージ図）

立しない，職場から自宅への帰り道がわからなくなる，病院で「ショッピングセンターのレジはどこだ」などという，などの不可解な行動が現れたとされている．このようなことから，フィエステリア・ピシシーダの実験室はバイオハザードレベルⅡ（防毒マスクは必要であるが，エボラ出血熱などの致死性の病原体よりは緩い隔離レベルで，現在のバイオセーフティレベル3）の設備が必要とされている．

そして，フィエステリア・ピシシーダの増殖の原因は，上流にあるリン鉱山や畜産団地から流れ出す栄養塩に富む水ではないかと疑われている．現在のところ，このプランクトンの問題は，他の地域へ広がっていないため，ノースカロライナの一地区の限定的な現象と考えられている．しかしながら，わずかな環境の変化が生態系のバランスを崩し，予想外のプランクトンの増殖を引き起こす可能性は，どの水域も等しくもっていると考えられている．

なお，このプランクトンをめぐる科学者のドキュメンタリータッチの人間ドラマは，「川が死で満ちるとき（ロドニー・バーカー著，渡辺政隆・大木奈保子訳，草思社，1998）」で詳しく紹介されている．

1.3.3　有害物質による汚染

以下に有害物質として特に重要なものをいくつか取り上げた.

(1) 重金属

水質汚染の観点から問題となる主な重金属を**表1・3**に示す. 重金属による水質汚染が大きな社会問題となったのは, 主に1950～1970年代であり, 代表的な公害病の原因物質ともなった. 近年は, 単発的な流出事故が見られたり, 廃棄物処分場などからの地下水汚染が懸念されている.

表1・3　重金属の用途と毒性

物質名	用途/由来	急性毒性	慢性毒性	備　考
カドミウム(Cd)	合金, 顔料, 合成樹脂の原料の安定化材, 蓄電池, 亜鉛精錬の副産物.	LD_{50} : 225 mg/kg (ラット経口).	腎臓障害, 異常疲労, 臭覚鈍化, 貧血, 骨軟化など.	イタイイタイ病(富山県神通川周辺)の原因物質となった.
鉛 (Pb)	自動車用バッテリー, はんだ, メッキ.	10 g で致死.	貧血, 消化管障害, 神経障害, 発ガンの可能性.	古い水道管からの溶出に注意する必要がある.
6価クロム(Cr^{6+})	メッキ, 染色, 化学分析.	0.5～1.5 g で致死(重クロム酸カリウム).	呼吸器, 肝臓障害, 肺ガンなど.	クロムには2価, 3価, 6価があるが特に6価の毒性が強い.
ヒ素 (As)	農薬や医薬品. 自然界に広く分布している.	0.1～0.3 g で致死(亜ヒ酸).	粘膜炎症, 筋肉の弱化, 黒斑の発生, 脱毛など.	3価と5価があり, 3価の方が毒性がかなり強い.
水銀 (Hg)	電気機器, 計器, 無機薬品.	1 000 mg で致死(有機水銀).	有機水銀で, 知覚障害, 運動失調, 視野狭窄, 言語障害など.	水俣病は有機水銀(メチル水銀)が原因物質となった.
セレン(Se)	電子部品材料, 顔料, 薬剤.	LD_{50} = 31.5 mg/kg (セレン酸ナトリウム, ラット経口)	不明確.	人や動物にとっての必須元素の一つでもある.

(2) 農　薬

農薬は, 紀元前1000年頃より使われていたイオウに起源があるとされているが, 20世紀に入り, 有機合成化学の急速な進展に伴って, 多様な農薬が使われるようになった．1930〜1940年代に開発された代表的な農薬にDDT，BHC，パラチオンがあり，これらによって，農業生産の安定性は飛躍的に向上し，また，マラリアなどの伝染病を抑え込むことによって，衛生状態を向上させることにもたいへん効果的であった．しかしながら，害虫が農薬に対する耐性を持ち始めたこと，また，有名なレイチェル・カーソンの「沈黙の春」に代表される，農薬による環境汚染の問題が持ち上がることとなった．上記の三つの農薬は，現在では多くの国で使用されていないが，残留性が強いため，現在でも環境中のさまざまな場所で検出され，問題となっている．

日本の農薬生産額（**図1・8**）は，1954年には127億円であったが，1975年には2 270億円，1994年には4 390億円と飛躍的に増加してきた．しかし近年では，環境保全への意識の高まりなどもあり，やや減少して2000年では4 055億円となっている．これらを毒性別にみると，**図1・9**のようになり，近年は毒性の弱いものの割合が増加していることが特徴的である．

概して農薬の単位面積当たりの使用量は，信頼性の高い統計が得にくいといわれているが，日本の使用量は，気温と湿度が高いこともあり，世界で最も多いと

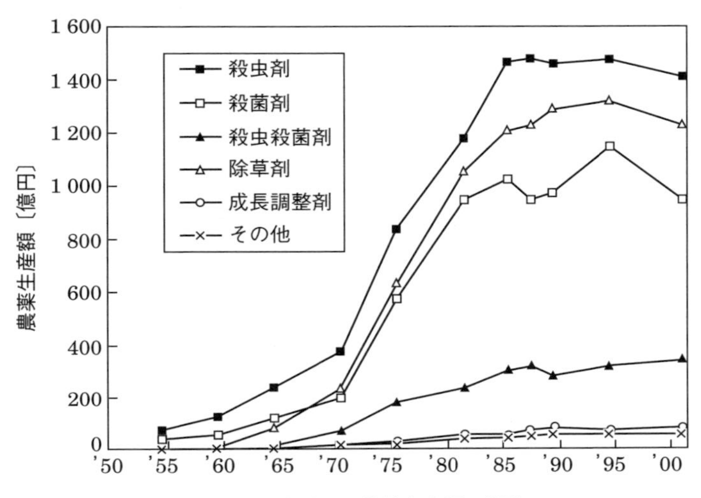

図1・8　我が国の農薬生産額の推移

（山下恭平，水谷純也，藤田稔夫，丸茂晋吾，江藤守総，高橋信孝：新版　農薬の科学，文永堂，1996，および，農業生産資材情報センター（http://sizai.agriworld.or.jp/nouyaku/syukka.html））より作図

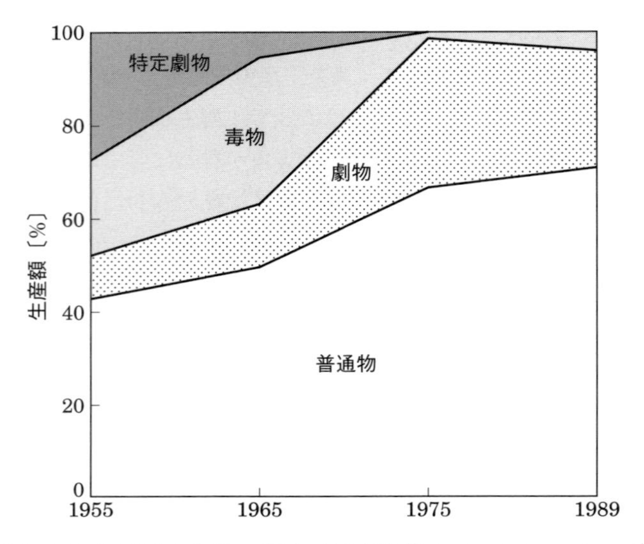

図1・9　毒性別にみた農薬生産額の割合（特定毒物：LD_{50} < 15 mg/kg，毒物：LD_{50} < 30 mg/kg，劇物：LD_{50} < 300 mg/kg，普通物：LD_{50} > 300 mg/kg）

（山下恭平，水谷純也，藤田稔夫，丸茂晋吾，江藤守総，高橋信孝：新版　農薬の科学，文永堂，1996）より作成

推定されている．そして日本で使用される農薬の約6割は，水田で散布されるものである．水田に散布された農薬の多くは，溶存態として田面水に存在しているので，水田での水管理や降水によって河川や湖沼に流れ出すものが各地で観測されている．

(3) 有機塩素系化合物（ハイテク汚染物質）

有機塩素系化合物は，精密機械工場などのハイテク工場で洗浄剤や溶剤などに使われるもので，環境基準（付表1）や水道水の水質基準（付表3）に指定されているトリクロロエチレンやテトラクロロエチレンなどがある．これらは合成化学物質であり，もともとは自然界には存在しなかったものである．また，これらの多くは，発ガン性が認められたり，疑われているものでもある．また，粘性が小さく土壌への吸着がほとんどないことから，地下に浸透すると容易に地下水帯水層を汚染することになる．アメリカのシリコンバレーは，華やかなハイテク工業の集積地であるが，その一方で地下水はこうした有機塩素系化合物で汚染されているため，飲用に用いることができない所がある．

H
Cl − C − Cl
Cl
クロロホルム

H
Cl − C − Br
Cl
ブロモジクロロメタン

H
Cl − C − Br
Br
ジブロモジクロロメタン

H
Br − C − Br
Br
ブロモホルム

（a）トリハロメタン

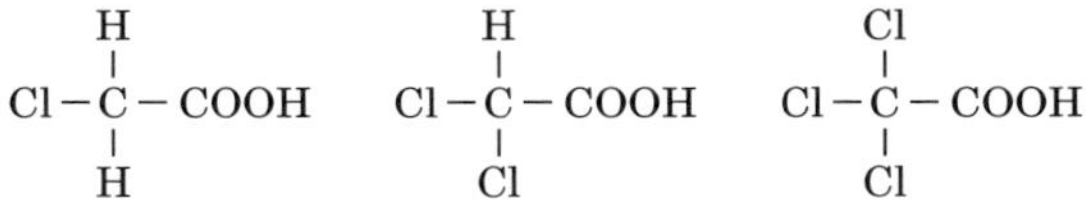

H
Cl − C − COOH
H
クロロ酢酸

H
Cl − C − COOH
Cl
ジクロロ酢酸

Cl
Cl − C − COOH
Cl
トリクロロ酢酸

（b）ハロ酢酸

図1・10 消毒副生成物の化学構造

(4) 消毒副生成物

消毒副生成物は，浄水場での消毒によって生成する物質であり，いくつかは水道水の水質基準（付表3）にも指定されている．その代表的なものに，塩素消毒によって生成するトリハロメタン（**図1・10**(a)）がある．トリハロメタンとは，メタンCH_4の四つの水素のうちの三つがハロゲン元素で置き換わったものの総称であり，これらは，消化器系臓器への発ガン性が認められているものと，疑われているものがある．トリハロメタンは，浄水場において，水道原水中の有機物（フミン物質など）と，消毒のために加えられる塩素が反応して生成される．したがって，有機物汚濁の進行した水を使っている浄水場では，塩素処理過程でトリハロメタンが生成しやすくなる．なお，ブロモホルムなどの臭素は，水道原水中に含まれる臭素が消毒過程において結合したものである．

また，このほかの塩素消毒副生成物として，2004年の水道水の水質基準の大幅改正で加えられたハロ酢酸がある（図1・10（b），「5.5.4 水道水の水質基準」参照）．これらは，酢酸のメチル基部分にある一つ以上の水素が，ハロゲン原子で置き換わったものであり，ヒトに対する発ガン性が疑われているものもある．なお，塩素消毒で生成する有機ハロゲンは多様で，代表的なトリハロメタンは，全有機ハロゲンのたかだか20～30％とされている．また，これらに加えて，塩化シアンやホルムアルデヒドなどの多様な消毒副生成物が知られている．

さらに，オゾンによる消毒過程からも多様な副生成物ができることがわかっており，こうした浄水場での消毒副生成物の毒性評価や生成のメカニズムも，今日の重要な課題となっている．

(5) 環境ホルモン

「環境ホルモン」は，正式名称を「外因性内分泌かく乱化学物質（endocrine disrupting chemicals：EDCs)」といい，もともと体内に存在していたホルモン物質のふりをして，本来のホルモン物質の司る生殖機能や胎児の脳の発達などをかく乱しているのではないかと疑われている物質である．**図1・11**に環境ホルモンの作用機構を示す．生体内の通常の反応では，ホルモン物質は，細胞内のレセプターに結合すること（カギとカギ穴にたとえられる）によって必要なタンパク質の合成をDNAに命令する．しかし，環境ホルモンはこの機構をかく乱する．すなわち，環境ホルモンは，通常のホルモンと同様にレセプターに結合して過剰な反応をおこさせる（アゴニスト機構)．また，レセプターに結合しても反応がないものは，通常のホルモンがレセプターに結合することを阻害する（アンタゴニスト機構)．さらに，通常のホルモンの合成や体内移動を阻害する機構もある．

なお，「環境ホルモン」という言葉は，1997年にNHKの科学番組ではじめて使われたもので，俗称とする見方もある．しかし，「environmental hormone」という言葉も海外でも認知されるようになり，また，市民感覚からも理解しやすい言葉でもある．

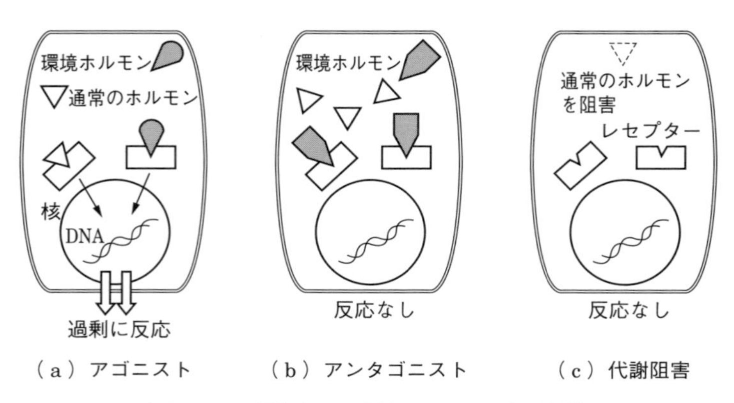

図1・11　細胞内での環境ホルモンの作用機構

環境ホルモンは，「奪われし未来（シーア・コルボーン，ダイアン・ダマノスイキ，ジョン・ピーターソン・マイヤーズ著，長尾力訳，翔泳社，1997)」が出版されたことが契機となり，2000 年頃を中心に，社会的にたいへん大きな関心を呼んだ．環境ホルモンの影響は，野生生物では生殖器の異常（生殖器が小さくなったり，メスの個体にオスの生殖器が現れたりすることなど）や，生殖行動の異常（巣作りをしない鳥やメス同士でつがいになる鳥など）に現れているとされている．また，ヒトへの影響は，男性では精子の減少や運動機能の低下，それに精巣ガンの増加などに現れ，女性では乳ガン，子宮ガン，不妊，子宮筋腫の増加などに現れているのではないかとする考えもある．

さらに，次世代への影響としては，胎児の脳の発達異常が疑われている．胎児は，母胎の中では胎盤によって有害物質から守られていると考えられてきたが，環境ホルモンの中には胎盤を通過するものがあることがわかっている．そして，これらが胎児の脳の発達に悪影響を与え，知能障害や多動症，それに，わずかなストレスでの攻撃的な行動，といったものなどの原因になっているのではないかとする考えもある．

最近の環境ホルモンに関する出版物や報道は，2000 年頃に比較すると少なくなりつつあるが，世界中の学者が科学の粋を尽くして研究しても，いまだ未解明な部分が多く残されている．環境ホルモンの問題を複雑で困難なものにさせている要因には，以下のようなものがある．すなわち，①ごく微量の環境ホルモンの影響が世代を越えて現れるものがあるため，因果関係や作用メカニズムを明確にすることが困難である，②正常な生物の性比やホルモンの働きなどについても未解明な部分が多い，③これまでの安全性やリスク管理の考え方が有効でない可能性がある（「1.5　安全からリスクの時代へ」参照），などである．

①についてみると，因果関係をうかがわせる状況証拠は数多く報告されているが，現在のところ因果関係が明白なものは，トリブチルスズやトリフェニルスズといった有機スズ化合物と海産巻貝の生殖異常などのごくわずかであるとされている．その他の事柄については，人類がこれから長い年月をかけて自ら立証することになるかもしれず，前述の「奪われし未来」では以下のように述べられている，「自然をねじ伏せようとしてきた人類が，当初の思惑とは裏腹に，……合成化学物質を使った大規模な実験の材料になってしまった」と．

②についてみると，たとえば，水生生物についての環境ホルモンの作用メカニズムを把握しようとすると，いまだ未解明な動物本来の性比やホルモン作用という問題に突き当たることがあげられる．なぜならば，水生生物の中には，性の位置づけがヒトなどのほ乳類とはかなり異なるものがあるからである．たとえば，ある種の魚は，群の中で一番，体の大きな個体だけがオスとなるため，群を構成する個体が変わると，オスとなる個体も入れ替わるものがある．また，魚によっては，小さい時はオスとして生活し，成長するとメスとなるとか，その逆のパターンのものもいる．あるいは，ワニは孵化する時の温度が低温ではメス，高温でオスとなる，などである．したがって，仮に水生生物の性比や生殖器に変化がみられたとしても，それがどの程度，環境ホルモンの影響であるかについても考えなければならない場合がある．このことは，もともと動物の性比やホルモン作用に関する知見が十分でなかったことによるものであり，今後のこうした基礎的な情報の蓄積も求められている．

環境省（当時は環境庁）は，1998年に「環境ホルモン戦略計画SPEED'98」として環境ホルモンの疑いのある67物質のリストを発表したが，その後これは撤回された．そして2005年には「ExTEND2005」として，環境省としてのこの問題に対する考えを発表した．この中では，魚類（メダカ）に対しては，4物質（ビスフェノールA，DDT，ノニルフェノール，オクチルフェノール）において環境中の濃度で環境ホルモン作用が推察されるものの，哺乳類に対しては，ヒトの暴露を考慮した用量での明らかな環境ホルモン作用は見つかっていないとした．そして多くの物質については，環境ホルモン作用を否定する明確な結論も，肯定する明確な結論も出ていないとしている．

その後，「ExTEND2010」，「ExTEND2016」，「ExTEND2022」などが公表され，評価対象物質や試験方法などに関する検討が続いている．今日，環境ホルモンの問題は解決済みとの見方もあるがそうではなく，上述のように，明確な結論を出せないことが，現在の科学の限界を表しているといえる．また，多くの調査・研究の結果，これまで問題とされてきた人工的な化学物質のほかに，植物や人畜由来の天然ホルモンや医薬品に由来する合成ホルモンが，下水道や浄化槽などの処理過程を通過して水域に存在していることがわかってきている．

(6) 医薬品や化粧品由来の化学物質（PPCPs）

近年，微量化学物質の測定精度の向上もあり，水域の中で，ヒトや家畜に用いられた医薬品や化粧品由来の化学物質（pharmaceuticals and personal care products：PPCPs）が多く検出されている（**表1・4**）．PPCPsは，解熱沈痛消炎剤，抗生物質，血管拡張剤，昆虫忌避剤，化粧品，人工香料など多岐にわたり，下水道や浄化槽などの処理過程を通過しているものもあると考えられている．現在のところ，PPCPsの環境中で検出される濃度レベルはng/Lのオーダーできわめて低いが，水生生物などの神経系や代謝系への影響が懸念されている．また，PPCPsの一部は，浄水場における処理過程を通過するため，飲み水の安全性の観点からも関心を呼んでいる．しかしながら，PPCPsの詳細な生体リスクや生態系でのリスクは不明で，これを評価する方法も確立していないのが現状である．

表1・4　我が国の河川水中から検出された医薬品，化粧品，香料の例

分　類	呼　　称	主な用途	検出オーダー〔ng/L〕
医薬品[*1]	crotamiton	解熱鎮痛消炎剤	$1 \sim 10^2$
	sulfamethoxazole	抗生物質	$10^{-1} \sim 10^2$
	terbutaline	気管支拡張剤	$10^{-1} \sim 1$
	diltiazem	血管拡張剤	$10^{-1} \sim 1$
	bezafibrate	高脂血症用剤	$1 \sim 10^2$
	diethyltoluamide	昆虫忌避剤	$1 \sim 10$
化粧品香料[*2]	methyl salicylate	歯磨き，口腔香料	$1 \sim 10$
	isobornyl acetate	石鹸，コロン，シャンプー	$1 \sim 10$
	cashmeran	洗剤，柔軟材，クリーム	$10^{-1} \sim 1$
	benzophenone	紫外線吸収剤	$10 \sim 10^2$

*1 中田典秀，真名垣聡，高田秀重：日本および熱帯アジア諸国の水環境における医薬品汚染の現状，用水と廃水，50（7），2008より抜粋

*2 亀田豊：人工香料および紫外線吸収剤による水環境の汚染と地球温暖化の影響，用水と廃水，50（7），2008より抜粋

(7) ダイオキシン

ダイオキシンとは，有機塩素化合物であるポリ塩化ジベンゾパラジオキシン（PCDDs）のことで，発ガン性や免疫毒性，生殖障害など，さまざまな毒性が知られている．また，1990年代後半から，環境ホルモンとともに高い社会的関心

を集めている物質でもある．ダイオキシンの基本的な構造は**図1・12**に示すように，二つのベンゼン環を二つの酸素で結びつけたようになっている．この化学構造に示す1～9の炭素に塩素が結合し，その組合せによって75種類が存在する．ダイオキシンによる汚染が広く知られるようになったのは，ベトナム戦争でアメリカ軍が散布した枯葉剤の中に含まれていたダイオキシンによる，多くの奇形児や死産，肝臓ガンなどによる．

また，ダイオキシンとよく似た化学構造をもち，毒性も似ているものに，ポリ塩化ジベンゾフラン（PCDFs）がある．同様に図1・12中に番号をつけた炭素への塩素の結合の仕方によって135種類が存在している．これら，PCDDsとPCDFsは，合わせてダイオキシン類と呼ばれている．さらに，1999年に公布されたダイオキシン類対策特別措置法では，これらに加えて構造と毒性の似ているコプラナーPCB（Co-PCB）を含めて，ダイオキシン類とされた．ダイオキシン類はまた，環境中で分解されにくく，生物体内で蓄積されやすい性質があり，こうした汚染物質の削減や廃絶をめざした「ポップス条約（残留性有機汚染物質に関するストックホルム条約：2004年発効）」の対象物質，すなわちPOPs（persistent organic pollutants）の一つでもある．

ダイオキシン類（PCDDsとPCDFs）の主な発生源は，焼却施設での不完全燃焼によるものであり，日本では対策が遅れたため，1990年代後半頃の環境中のダイオキシン類濃度は，概して欧米諸国よりもかなり高いといわれていた．また，1960～1970年代に水田に散布された除草剤中に含まれていた不純物も発生源の一つと考えられている．

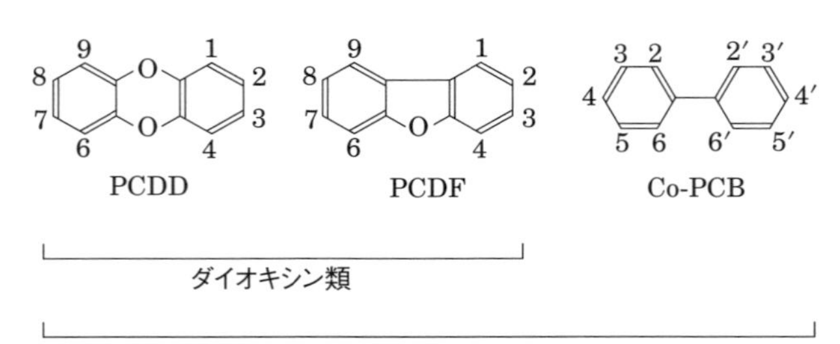

図1・12　ダイオキシン類の構造

ダイオキシン類の毒性の単位は，最も毒性の強い2, 3, 7, 8－テトラクロロジベンゾパラジオキシンの毒性を1として，それぞれの形態のダイオキシン類を相対評価し，これらを総和した毒性等価量（toxic equivalent：TEQ）が用いられる．そして，ダイオキシン類対策特別措置法では，大気（0.6 pg－TEQ/m^3 以下），水質（1 pg－TEQ/L 以下），それに土壌（1 000 pg－TEQ/g 以下）という環境基準が設けられた．その後，焼却施設を中心に多くの対策が施され，2007年には，1997年当時のダイオキシン類排出量の約96％が削減され，多くの地点で上述の環境基準をクリアすることとなった．また，ダイオキシン類のヒトの摂取許容量（TDI：耐容一日摂取量，「1.5.2　慢性毒性」参照）は4 pg－TEQ kg^{-1} d^{-1} であるが，日本人の平均的な摂取量は1.5 pg－TEQ kg^{-1} d^{-1} と見積もられており，現在の通常の環境では，ダイオキシン類のリスクはかなり低いと考えられている．しかしながら，日本人の血液中におけるダイオキシン類の濃度は，年齢が高くなるにつれて上昇しており，こうした現象の健康への影響についてはよくわかっていない．なお，ダイオキシン類は，塩分を含んだ有機物が燃焼するときにも発生するので，たとえば，焚き火で魚を料理していた石器時代から微量ながら発生していたといわれている．したがって，ダイオキシン類の発生量を0にすることは不可能とされている．

1.3.4　微生物による汚染

有害微生物による汚染として，特に問題となったものとして，水道水へのクリプトスポリジウムの混入がある．クリプトスポリジウムとは，塩素耐性の単細胞原虫であり，ヒトや家畜の腸内で繁殖し，糞便性の汚濁のある場所で生息している．感染すると呼吸器，胆のうを侵し，はげしい下痢の症状がある．日本では，1996年6月に埼玉県の簡易水道にクリプトスポリジウムが混入し，住民の8割に相当する約8 700人が発症した．幸いにして死者が出なかったため，社会的には直後に起こった病原性大腸菌O-157の騒ぎに隠れた恰好になった．なお，1993年にはアメリカのウィスコンシン州ミルウォーキーで，約40万人がクリプトスポリジウムに感染し，400人以上の死者が出たとされている．

日本の場合，それまでは，ほとんどの細菌は塩素によって死滅するため，浄水場での塩素消毒を行えば微生物に関する問題はないと思われていた．しかしながら，クリプトスポリジウムの場合は塩素消毒の効果がなく，結果として水道を介した大規模な感染となったことから，水道関係者に大きな衝撃を与えた．

1.3.5　熱汚染

熱汚染とは，特定の汚染物質によるものではなく，排水の水温を問題視したものである．たとえば，火力発電所や下水処理場などのような，まわりの環境よりも明らかに温度の高い排水を放流している場所では，その付近の水域の生態系が変わる場合がある．一例として，日本では元来生息できないはずの熱帯産の外来種の魚が，温熱排水を放流している場所付近で冬越しをして定住する，といったことがあげられる．

1.4　地球環境時代の幕開け

1992年6月にブラジルのリオ・デ・ジャネイロで開かれた「地球サミット(環境と開発に関する国連会議)」は，今日の地球環境時代の幕開けを告げる，きわめて重要な会議となった．この会議では，水質問題のみを中心的に取り扱う条約などは話し合われなかったが，その後の環境行政や環境保全の基本的な枠組みにきわめて大きな影響を与えた．

地球サミットには，172の国と多くの国際機関が参加し，102カ国の首脳が一同に会した．そして，地球環境の保全に向けての国際的な協力の必要性が確認され，開発と環境を考える上での方向づけを行うものとなった．また，この会議が契機となり「持続可能な開発（sustainable development）」が重要なキーワードとなった．

会議の主な成果は，**表1・5**のとおりであるが，一面で，国家のエゴや南北対立がより鮮明になったという側面も見られた．たとえば，アメリカは自国の利益から「生物多様性条約」への署名を拒否し（2024年時点でも批准していない），また，「気候変動枠組条約（地球温暖化防止条約）」でも消極的な姿勢が批判の対象となった．また，「森林原則宣言」は，当初はより拘束力の強い「条約」にするように準備されていたが，過大な森林の保護は発展途上国の経済成長を抑制するものであるとして「宣言」に弱められた．

表1・5　地球サミットの概要

項　目	主な内容	備　考
リオ・デ・ジャネイロ宣言	序文と27の基本原則	当初は「地球憲章」を目指していたが，途上国の主張（開発の権利）により後退．
アジェンダ21	地球環境保全の行動計画	40章，115項目．
気候変動枠組条約（地球温暖化防止条約）	先進国に対し2000年までに地球温暖化ガスを1990年レベルに戻す．	法的拘束力のない努力目標．アメリカの消極姿勢と産油国の反対あり．
生物多様性保全条約	生物種の多様性の保全と医薬品などへの公正な使用	アメリカは不参加（2024年現在）．
森林保全の原則宣言	森林政策と土地利用政策の調和	当初は条約を目指していたが、途上国の主張（伐採の権利）により宣言となる．

このような「総論賛成・各論反対」ともいうべき行動様式は，古今東西，組織の大小を問わず散見されることであるが，国際協調の難しさを表しているということができる．なお，環境関連で同様なことを表す言葉に，「ニムビー（NIMBY）症候群」という言葉がある．これは，「not in my back yard」の略で，地域にゴミ処理場は必要だが，自分の裏庭には来てほしくないという意味がある．

ここで，地球サミット以後の主な出来事を**表1・6**に示す．このうち水関連については，地球サミットにおける「淡水資源の確保」の主張などを受け，世界水会議が1996年に設立され，3年に1度の頻度で「世界水フォーラム」が開催されるようになった．また，「安全な水とトイレを世界中に」を含むSDGs（Sustainable Development Goals）が2015年の国連総会で採択された．一方，水関連以外では，生物多様性に関する国家戦略を定め，2010年に採択された生物多様性保全条約に関する名古屋議定書では「遺伝資源の利用から生ずる利益の公正かつ衡平な配分」が条文に加えられた．また，地球温暖化については，京都議定書に代わるものとして2015年にパリ協定が採択された．

表1・6　地球サミット以後の主な出来事

年	水関連	年	水関連以外
		1995	生物多様性国家戦略
1996	第1回世界水フォーラム（モロッコ）	1997	京都議定書採択
2003	第3回世界水フォーラム（京都）	2005	京都議定書発効
2009	第5回世界水フォーラム（トルコ）	2010	名古屋議定書採択
2015	「安全な水とトイレを世界中に」を含むSDGs（Sustainable DevelopmentGoals）の採択	2015	パリ協定採択
		2023	第5次生物多様性国家戦略
2024	第10回世界水フォーラム（インドネシア）		

1.5 安全からリスクの時代へ

2022年時点において，世界で登録されている化学物質は約1億9千万種におよび，1日当たり約1万4千種類ずつ増え続けている．その中で，我が国で多く使われている化学物質は約6万5千種類とされているが，私たちの体内には，100年前のヒトには見られない微量化学物質が約200種類存在しているともいわれている．このような時代にあっては，もはや「絶対安全」という概念は実現不可能であり，「リスク」を議論すべきであるとされている．「リスク」とは，ある有害な事柄が起こる確率をいい，0よりも大きく1以下の数値をとる（リスク＝0とは絶対安全を意味する）．

図1・13に，リスクと規制の関係を示す．通常，リスクが10^{-3}より大きいと，無条件で規制が必要とされる．一方，10^{-6}よりも小さいと，規制にかかるコストがリスクを下げることによって得られる便益よりも著しく大きくなるため，規制は不要とされる．そして，10^{-6}～10^{-3}の間では，何らかの規制をすることによってリスクを低下させることが多い．たとえば，年間の交通事故による死者が1万6千人を超えた1970年頃では「交通戦争」という言葉も使われ（日本の人口を1億2千万人として単純計算すると，16 000/120 000 000で1.3×10^{-4}），このリスクを下げるために，さまざまな規制や対策が施された．

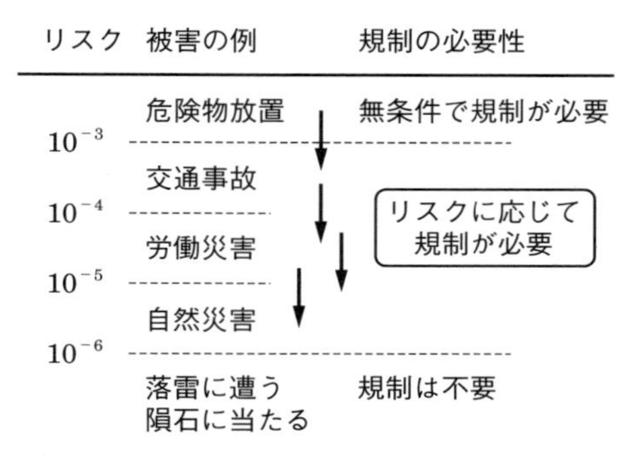

図1・13　いくつかのリスクと規制の関係

（三浦敏明，扇谷悟：暮らしと環境－食の安全性－，三共出版，1998）より作図

化学物質のリスクを考える際には，これらの毒性を評価する必要があり，毒性には急性毒性と慢性毒性がある．以下にその概要を述べる．

1.5.1　急性毒性

毒性のうち，最もわかりやすいのが「死」であり，その指標として実験動物に対する致死量が用いられる．実験動物としてはラットやマウスが使われ，異なる量の化学物質を与えて半数が死亡する量を，LD_{50}（半数致死量：median lethal dose）とし，実験動物の体重当たりの投与量〔mg/kg〕として表す．LD_{50} の値は，実験動物の種類や投与の経路（経口，経皮，呼入など）によって異なるが，たとえば農薬では，図1・9に示したように区分されている．

1.5.2　慢性毒性

慢性毒性とは，化学物質を長期間にわたって繰返し投与したときに，臓器や組織にどのような影響が現れるかを調べることによって評価される．水道水に含まれる化学物質や発ガン物質，それに食品添加物などは，ごく微量な摂取が長期間続くことが想定されるため，これらの物質の安全レベルの設定は，慢性毒性試験の結果を基にして行われている．慢性毒性試験では，実験動物に異なる用量の化学物質を長期間与えて，その毒性（反応）が現れる頻度を調べ，**図1・14**に示すような「用量-反応関係」を把握する．これには，一般の化学物質と発ガン物質で扱いが異なっている．

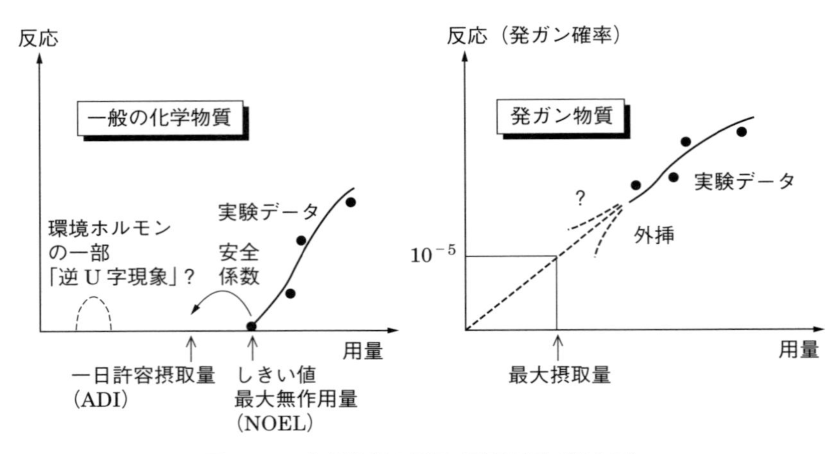

図1・14　化学物質の用量-反応関係（概念図）

（1）一般の化学物質の用量－反応関係

一般の化学物質では，用量を低下させると，毒性も低下し，ある用量以下では毒性がゼロになるところがある．これを「しきい値」と呼び，毒性が見られなかった最大用量を「最大無作用量（no observable effect level：NOEL）」とする．しかし，NOELは実験動物に対するものであるので，そのままヒトに適用できない．実験動物からヒトへの外挿法は，現在も毒性学の重要な課題の一つとされているが，多くはNOELに1/100（安全係数）を掛けて，ヒトが接種しても影響のない量としての「一日許容摂取量（acceptable daily intake：ADI）」が求められている．ここで，安全係数が1/100であることの明確な科学的な根拠はないが，このくらいの係数を掛ければ問題はないものと考えられている．なお，このADIは，水道水中の化学物質や食品添加物などのような，生活上必要なものに対して用いられるが，ダイオキシン類などのような非意図的生成物質で摂取量ゼロが望ましいものについては，「耐容一日摂取量（tolerable daily intake：TDI）」が用いられている．

しかしながら，環境ホルモンの疑いのあるいくつかの物質（特にビスフェノールA）については，しきい値よりもきわめて低用量でも反応が現れる「逆U字現象」が認められるとの報告がある．一方で，同一条件で実験しても，同様な現象が現れないとする報告もあり，長い議論が続いている．もしもこのような「逆

U字現象」があるならば，ここで述べた「しきい値のある毒性モデル」という基本的な考え方自体が使えないことになり，新しい評価方法を考えなければならないことになる．

(2) 発ガン物質の用量-反応関係

一方，発ガン物質は，ごく微量でも影響があるとされているので，しきい値はないものとされている．動物実験では，高用量での実験となるため，通常問題となる発ガンリスクが 10^{-5}（あるいは 10^{-6}）となる用量は，実験結果から外挿することになる．この外挿方法についても，いくつかの考え方があるが，決定的なものはなく，実際のところはよくわかっていない．たとえば，実験結果と原点を直線で結ぶ方法では，外挿した直線上での発ガン確率が 10^{-5} となる用量が最大摂取量となる．

1.5.3 リスクの評価

化学物質のリスクの評価は，前述の急性毒性（LD_{50}）と慢性毒性（用量－反応の関係），それに，曝露の評価（ヒトが摂取する経路で水，大気，食物など）といった情報を収集・解析することによって行われる．しかしながら，現在のリスク評価には，少なくとも「動物実験の結果からヒトへの外挿」と「高確率のデータから低確率の毒性への外挿」という二つの不確実性があるので，必ずしも十分な科学的根拠があるわけではないとされている．また，これらのリスク評価は，単一の化学物質を対象としているので，複数の化学物質の相乗的な作用については，組合せが無限にあるため，ほとんどわかっていないのが現状である．

演習問題

問1　ある湖の貯留量が 380×10^6〔m^3〕で，その湖に流入する河川の年間流量が $1\,160 \times 10^6$〔m^3/y〕であった．これらの値から，この湖の水理学的平均滞留時間（図1・2参照）を求めなさい．

問2　図1・3にある流出＝1 124 mmを単位換算して m^3 の単位にすると，いくらになるか．

問3　図1・6にある1時間降水量50 mm以上の降水とは，どのような降水であるか．

問4　浄水場で塩素消毒を行うとトリハロメタン（「1.3.3（4）消毒副生成物」および「5.5.4　水道水の水質基準」参照）による発ガンリスクが生じる．しかし塩素消毒を行わないと，水系伝染病のリスクが生じる（図6・1参照）．この2つのリスクはどのように考えればよいか．

問5「1.4　地球環境時代の幕開け」で述べた「気候変動枠組条約（地球温暖化防止条約）」については，2015年にパリ協定が採択されたが，京都議定書との違いをインターネットで調べてみよう．

2章

水と水質を科学する

2.1　水の科学

2.1.1　18種類の水

水とは一般にH_2Oとして表されるが，これは質量数1の水素と質量数16の酸素が結合した水のことをいう．しかし，実は水には，これ以外の組成のものも存在している．水素には一般によく知られている^{1}Hの他に，質量数が2の重水素^{2}H（Dと記すこともある）と三重水素（トリチウム）^{3}Hの同位体が，酸素には質量数16の^{16}Oの他に^{17}Oと^{18}Oがあり，これらの組合せを考えると，18種類の水が存在する．これらの水の構成割合は，酸素についてみると，$^{16}O：^{17}O：^{18}O＝2\,500：1：5$となり，通常見ることの多い$^{16}O$の水が圧倒的に多い．この比率は地球上のどこでも（火山が吹き上げる水蒸気であっても，清澄な泉であっても）ほぼ同じであり，地球上に水が生成してから今日まで，限りなく循環が繰り返された結果，均一な組成になったものと考えられている．

2.1.2　水の特異性

水は，私たちの生活の身近にごく普通に存在しているので，最もありふれた物質と認識されている．しかし，水のさまざまな性質を考えると，水は液体の代表というにはほど遠く，水ほど他の物質と違った特性をもつものはないということができる．今日まで，水の特異性の原因を説明しようと多くの科学者が取り組んできたが，水は，いまだに未解明な部分が多い謎の物質でもある．

(1) 高い融点と沸点

私たちは，水が身近な温度条件の下で，固体-液体-気体の三態をとることをあたりまえのことと考えている．しかしながらこのことは，他の類似する物質と比較すると，実はたいへん特異な性質であるといえる．

図2・1は，水と類似した水素化合物の融点と沸点を示している．水は，通常二つの水素原子と一つの酸素原子が結合したH_2Oとして表されるが，ここでは，酸素原子を別の原子と入れ替えてみた場合の融点と沸点を考えてみる．

図2・1(a)のグラフは，水分子の酸素原子を，酸素原子と同じ周期表の6B族の原子で入れ替えた場合の沸点と融点を表している．入れ替えた原子の最外殻

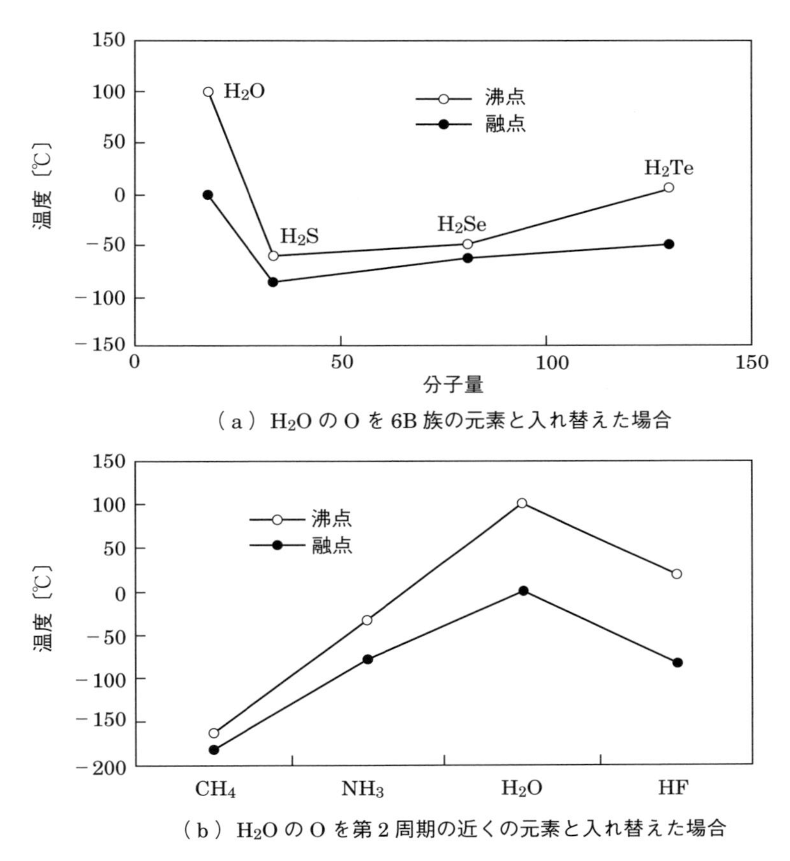

（a）H_2O の O を 6B 族の元素と入れ替えた場合

（b）H_2O の O を第 2 周期の近くの元素と入れ替えた場合

図 2・1　水と類似した物質の融点と沸点

の電子数は，いずれも酸素と同じ 6 である．これを見ると，H_2Te → H_2Se → H_2S と，分子量が減少するに従って沸点と融点は低下していることがわかる．このような傾向で沸点と融点が減少するならば，H_2O は −80℃ 付近で沸騰し，−100℃ 付近で氷になると予想される．もしもそうであるならば，私たちの生活する温度範囲で，液体の水を見ることはできないということになる．

一方，図 2・1 (b) のグラフは，水分子の酸素原子を，酸素原子と同じ第 2 周期に属する酸素の近くの原子で入れ替えた場合のものである．CH_4 → NH_3 → HF と，酸素と入れ替えた原子の原子番号を増加させていくと，沸点と融点も次第に増加している．しかしながら，H_2O の沸点と融点は，これらの値よりも特異的に高くなっていることがわかる．

もしも水が，ここに示した類似した物質と同じような性質をもつならば，私たちの生活する温度範囲では，水はすべて水蒸気となっていることになる．しかしながら，周知のように水の融点と沸点はそれぞれ，0 ℃と 100 ℃であり，この水の特異性のおかげで，生命が液体としての水を利用することができ，常温で生活することが可能となっている．

(2) 大きい熱容量

水は，他の液体と比べて熱容量が大きく，温まりにくく，冷めにくい物質でもある．**表 2・1** に主な液体の融解熱と気化熱を示す．これを見ると，水の融解熱と気化熱は，どの液体のものよりも高くなっており，同じ質量の液体を融解，あるいは気化させるときに要するエネルギーは，この表では水が最も大きいことがわかる．

表 2・1 主な液体の融解熱，気化熱，誘電率

物 質	化学式	融解熱〔kJ/kg〕	気化熱〔kJ/kg〕	誘電率
水	H_2O	334	2.26	78.46
グリセリン	$C_3H_5(OH)_3$	201	0.649	42.5
n−ヘキサン	C_6H_{14}	152	0.337	1.878
ベンゼン	C_6H_6	126	0.394	2.275
エタノール	C_2H_5OH	109	0.855	24.35
メタノール	CH_3OH	99.2	1.1	32.63
アセトン	$(CH_3)_2CO$	98	0.499	20.56

(3) 密度変化の謎

水の密度は，**図 2・2** に示すように，温度が下がるにつれて増加し，4 ℃付近（正確には 3.98 ℃）で最大となる．そして，4 ℃から融点である 0 ℃までは再び低下するという特異な性質をもっている．そして 0 ℃になると，水は分子間の隙間の多い格子状の氷となり，密度は急激に低下して，実際に目にするように氷は水に浮くことになる．しかし，同一の物質で固体の状態のものが液体に浮くという現象は，きわめて特異な性質である．もしも，氷が水に沈むならば，湖や極地の海では底から上へ凍るので，地球の環境は現在よりも寒冷な気候になると

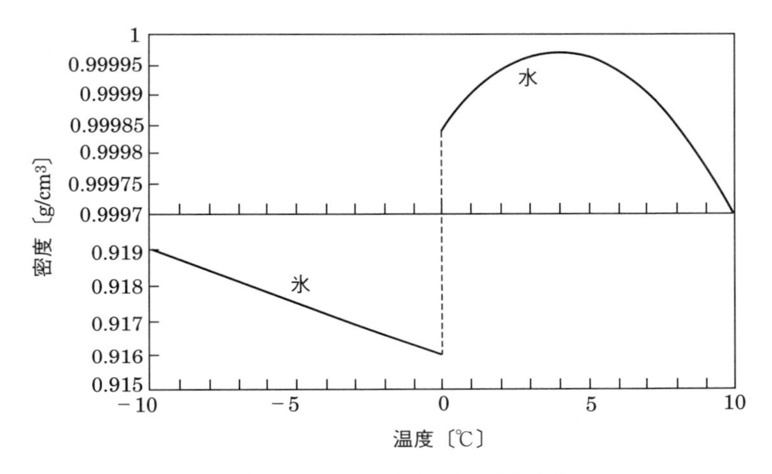

図2・2　水と氷の温度による密度変化

予想される．なお，前述の密度が最大となる温度がなぜ4℃付近にあるかについては，現在もよくわかっていない問題である．

(4) 大きい溶解性

液体の溶解性は，誘電率と深い関係にある．誘電率とは物質中に2個の電荷をある距離だけ離して置いたときに，電荷の間に働くクーロン力が，真空中のクーロン力よりもどのくらい減少するかを表した数値である．

水は，きわめて誘電率の大きい物質であり，2，3の物質を除いて，水より大きい誘電率をもつ溶媒はない（表2・1）．このことから，ほとんどの物質は水に溶解することができ，水はきわめてすぐれた溶媒であるということができる．実際，水を半永久的に入れておくことのできる容器は存在しないといわれている．水は，蒸発を考えなければあらゆる材質を侵してしまうからであり，今日考えられる最も強力な薬剤を使っても容易に溶かすことのできない金でさえ，水はゆっくりではあるが確実に溶かすことができる．

水があらゆる物質を溶かしてしまう性質は，よごれの洗浄に適した性質をもつことを意味しているが，反面，汚染物質を容易に溶解してしまうため，これが水循環の経路に乗って場所を容易に移動することを意味している．

2.1.3　水分子の構造

前項で述べた水の特異性の原因の多くは，水分子の構造にあると考えられる．**図 2・3**（a）は酸素原子と水素原子のファン・デル・ワールス半径を示しているが，水素原子は酸素原子に比べてきわめて小さいので，実際の水分子全体は球形に近い．

なお，ファン・デル・ワールス半径とは，引力や反発力が働く分子同士の最も近づくことのできる距離をいう．

水分子の中の酸素原子は，電気陰性度が大きいので，水素原子の電子は酸素原子の方へ引き寄せられる．その結果，水分子の中の酸素原子はわずかに負の電荷を帯び，水素原子はわずかに正の電荷を帯びる．このように，正の電荷の中心と負の電荷の中心が分離するので，双極子モーメントが生じる．水の双極子モーメ

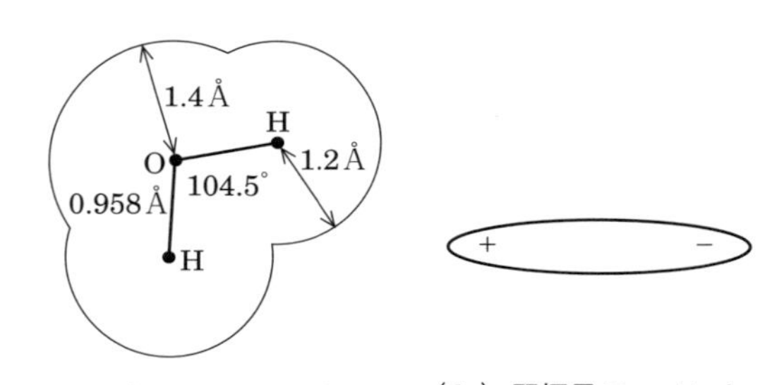

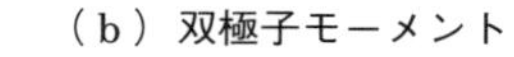

（a）ファン・デル・ワールス半径　（b）双極子モーメント

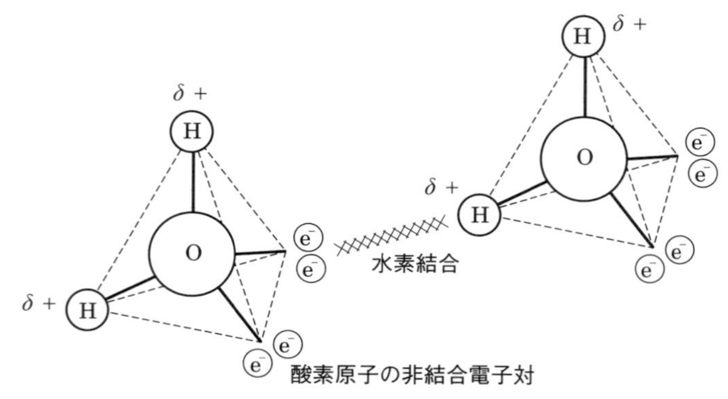

（c）酸素原子の非結合電子対と水素結合

図 2・3　水分子の構造

ントは，6.13 ～ 6.47 × 10^{-30} C･m であり，この値は水の分子量を考慮すると，かなり大きな値であるといえる．このことを模式的に表すと，図 2・3 (b) のようになり，あたかも棒磁石のように振る舞うことになる．

また，前述のように，水分子の水素原子は弱い正の電荷をもつので，これが近くにある水分子の非結合電子対に引きつけられ，水素結合が生じる．水分子の中の酸素原子には，二つの非結合電子対があるので，一つの水分子には酸素原子の二つの弱い負電荷と，水素原子の二つの弱い正電荷が存在する．その結果，一つの水分子は最大で四つの水素結合をすることができる．このことを模式的に表すと図 2・3 (c) のようになり，あたかも四本の腕を伸ばしているかのようである．

このように，水は，棒磁石のようにも振る舞い，また，四本の腕をもった分子としても振る舞うという二つの性質をもっている．水分子は，近くにある物質によって，この二つの性質のどちらを支配的にするかを，うまく使い分けているようにもみえる．

水は通常，H_2O と表示されるが，H_2O は単独の形で存在していない．前述の水素結合によって，ある水分子の水素原子は，他の水分子の酸素原子と引きあっており，いくつかの分子がまとまって，すきまの多い塊（クラスター）を形成している（**図 2・4**）．水の融点や沸点が特異的に高いことは，水分子がいくつか集まって，あたかも大きな分子のように振る舞っていることに原因があると考えられている．また，温度による密度変化は，水分子の間のすきまが変化することによる．

このような水の性質は，水素原子と酸素原子の結合角が 104.5° という，やや風変わりな角度であることに原因がある．図 2・3 (c) のように，酸素原子の非結合電子対と水素原子との結合電子対が等価であり，正四面体構造をとるとするならば，結合角は 109.5° となるはずである．また，図 2・1 に示した水と類似したいくつかの水素化合物の結合角は，**表 2・2** に示すように 90° に近い．水分子の結合角が 104.5° であるということは，酸素原子の非結合電子対と結合電子対が等価でないことに理由があるが，104.5° という角度は，前項のような水の特異な性質を可能にする「絶妙の角度」といえる．しかしながら，なぜ水分子の結合角が 104.5° であるかについての論理的な説明は，これまでになされていない．

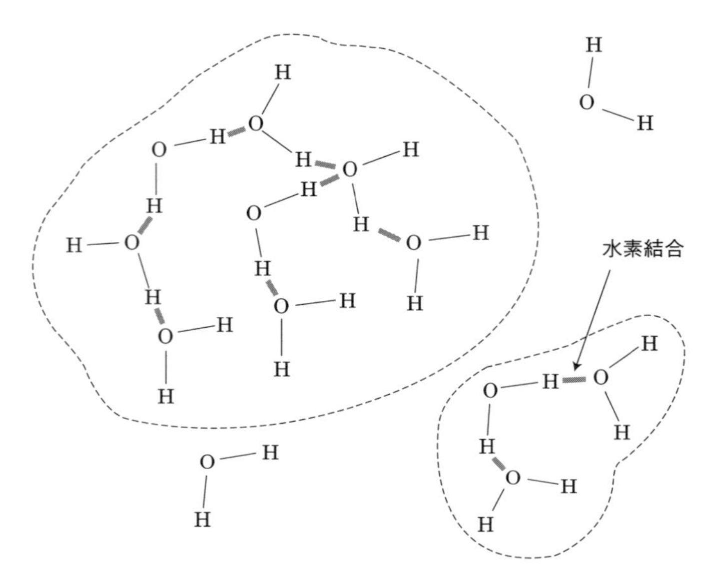

図2・4　水分子のクラスター構造（イメージ図）

表2・2　水と類似した物質の結合角

分子	D_2O	HDO	H_2O	H_2S	H_2Se	H_2Te
結合角〔°〕	104.47	104.53	104.52	92.16	91.53	90.25

（上平恒：水の分子工学，講談社サイエンティフィク，1998）

2.2 酸と塩基

2.2.1　酸と塩基の基本的な性質

酸と塩基は，水の化学性を考えるうえで最も基本的な要素の一つである．酸と塩基の定義は，いくつかの考え方があるが，比較的よく知られているものを**表2・3**に示す．

アレニウスとオスワルドの電離説では，水溶液中での電離を前提に考えているが，ブレンステッドとロウリーの説ではプロトン H^+ の授受に着目し，ルイスの説では電子対に着目している．ここで，プロトン H^+ の授受に着目すると，たとえば

表2・3 酸と塩基の定義

名　称	種類	定　義
アレニウスとオスワルドの電離説	酸 塩基	水溶液中で電離して水素イオン H^+ を出すもの 水溶液中で電離して水酸化物イオン OH^- を出すもの
ブレンステッドとロウリーの説	酸 塩基	プロトン H^+ を与えるもの プロトン H^+ を受け取るもの
ルイスの説	酸 塩基	電子対を受け入れるもの 電子対を与えるもの

$$HCl + H_2O \rightarrow H_3O^+ + Cl^- \quad (2\cdot1)$$

という反応では，HCl（塩化水素）は H^+ を与えたので酸として働き，H_2O は，H^+ を受け取ったので塩基として働いたことを意味している．なお，H_3O^+ とはオキソニウムイオンである．また

$$NH_3 + H_2O \rightarrow NH_4^+ + OH^- \quad (2\cdot2)$$

というアンモニア水が生成する反応では，NH_3（アンモニア）は H^+ を受け取ったので塩基として働き，H_2O は H^+ を与えたので酸として働いたことになる．

この例をみると，（2・1）式では水は塩基であり，（2・2）式では水は酸として機能している．このように水は，条件によって酸にも塩基にもなりうる物質であるということができ，これも水の特異性の一つであるといえる．

2.2.2 降水中の酸と塩基

環境中の水の酸と塩基を理解する一例として，降水の化学組成がある．降水の化学組成に関する調査は，酸性雨が大きな問題となっているため，多くの場所で実施され，多くのデータが蓄積されている．

なお，酸性雨として問題となっているのは，人間活動から排出される窒素酸化物（NO_x）やイオウ酸化物（SO_x）によって降水が酸性化する現象をいい（図7・2参照），pH＜5.6の降水をいう．これは，大気中の二酸化炭素 CO_2 と平衡するpHは5.6であることによる．CO_2 は水に溶解すると

$$CO_2 + H_2O \rightarrow HCO_3^- + H^+ \quad (2\cdot3)$$

のようになり，弱酸性を呈する．また，雨以外の降水（雪，あられ，みぞれなど）も酸性化しており，霧や降下塵などの酸性化も問題となっているので，「酸性雨

(acid rain)」よりもむしろ,「酸性沈着 (acid deposition)」や「酸性化 (acidification)」という言葉を使うことの方が多い.

一般に，溶液の酸性度を把握する指標としては，水素イオン濃度の逆数の常用対数である pH がまず問題にされる．しかしながら，降水や降下塵の酸性化を考える場合，pH のみでは，不確かな議論になるとされている．なぜならば，pH は酸と塩基のバランスを表しているにすぎないからである．

たとえば，降水中の陽イオンと陰イオンの組成が**図 2・5** (a) のようであったとする．ここでは，横軸を当量濃度（＝モル濃度×原子価）で表し，酸が放出する H^+ と塩基が受け取る H^+ のモル数を等価で評価できるようにしている．

降水中の酸性物質は，NO_3^-，SO_4^{2-} である．たとえば，硝酸は水に溶解して

$$HNO_3 + H_2O \rightarrow NO_3^- + H_3O^+ \qquad (2\cdot4)$$

となり，H^+ を放出するため，酸として機能したことを意味している．

一方，降水中の塩基性物質は NH_4^+ と Ca^{2+} である．たとえば，大気中にある代表的な塩基であるアンモニアは

$$NH_3 + H^+ \rightarrow NH_4^+ \qquad (2\cdot5)$$

となり，H^+ を取り込むので，塩基として機能したことになる．

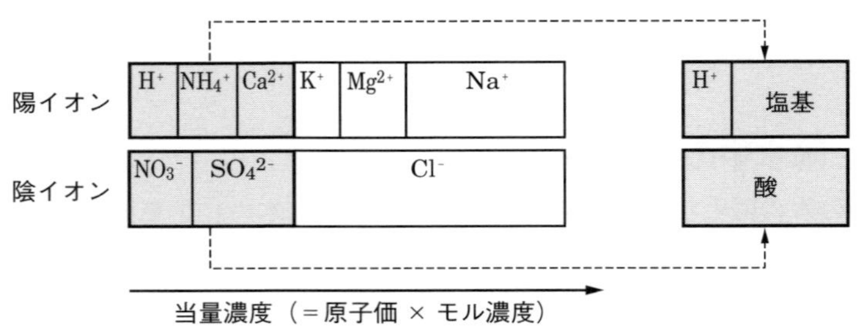

（a）降水中の陽イオンと陰イオン　　（b）降水中の酸と塩基

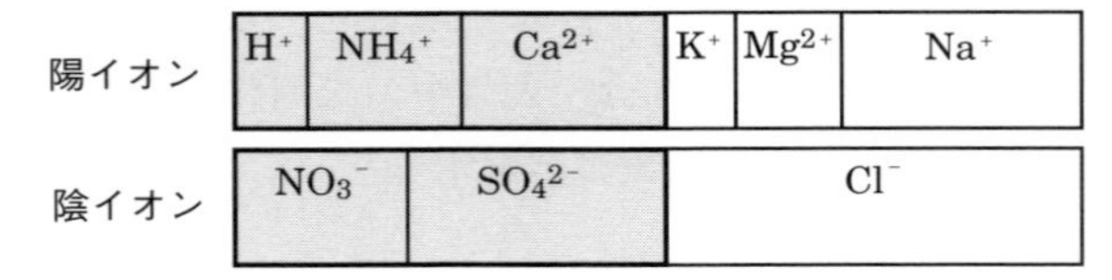

（c）酸濃度が高くても (a) と pH が同じ場合

図 2・5　降水中のイオン組成の模式図

これらの酸と塩基の部分のみを取り出したものが図2・5(b)である．ここで，「酸」と表示されている部分は，中和を受けなかったときのHNO_3とH_2SO_4から放出されるH^+のモル濃度を表している．一方，「塩基」と表示されている部分は，NH_4^+とCa^{2+}が取り込んだH^+のモル濃度を示している．したがって，図中のH^+に相当する部分は，この酸と塩基の当量濃度の差を表していることになる．pHは，H^+のモル濃度の逆数の対数であるから，測定されたpHの値は，このような酸と塩基の当量濃度のバランスを表しているにすぎない．したがって，もしも，図2・5(c)のようにNO_3^-とSO_4^{2-}の濃度が高い場合であっても，これと塩基性物質［$NH_4^+ + Ca^{2+}$］との当量濃度の差が同じであれば，pHの値は図2・5(a)の降水と同じ値となる．このようなことから，降水の酸性化を議論する場合は，pHのみではなく，その中に含まれる酸性物質と塩基性物質のイオン組成が重要となってくる．

なお，降水中では塩基として働いたNH_4^+は，後述する「4.1　窒素の循環」に示すように，土壌中では微生物によって次式のように酸に変わる（これをアンモニアのうらぎりと呼ぶ専門家もいる）．

$$NH_4^+ + 2O_2 \rightarrow NO_3^- + H_2O + 2H^+ \qquad (2\cdot6)$$

2.3 酸化と還元

2.3.1 酸化還元反応

水域に存在する物質の化学変化を考える場合には，熱力学的な理解が役立ち，多くの場合，酸化反応と還元反応が伴う．したがって，これら二つの反応によって成り立つ酸化還元反応は，水域の水質汚濁の進行や水質浄化を考えるうえで特に重要である．

酸化と還元は**表2・4**のようないくつかの定義がある．このうち，電子に着目すると，酸化とはある物質が電子を失うことであり，還元とは反対に電子を得ることによって定義される．したがって，酸化還元反応は，反応に関与する物質にかかわる電子の授受によって理解することができる．また，酸化数に着目すると，特定の元素の酸化数が増加した場合は，その物質は酸化されたといい，反対に酸化数が減少した場合は還元されたという．

表2・4　酸化反応と還元反応の定義

着目項目	種　類	定　義
酸　素	酸化反応 還元反応	ある物質が酸素を得ること ある物質が酸素を失うこと
電　子	酸化反応 還元反応	ある物質が電子を失うこと ある物質が電子を得ること
水　素	酸化反応 還元反応	ある物質が水素を失うこと ある物質が水素を得ること
酸化数	酸化反応 還元反応	ある元素の酸化数が増加すること ある元素の酸化数が減少すること

なお，酸化数の決定のルールは，以下のとおりである．すなわち，①単体のときの原子の酸化数は［0］である．②イオンについてはそのイオンの価数である．③化合物中の酸素原子の酸化数は［－2］である．④化合物中の水素原子の酸化数は［＋1］である．⑤化合物を構成する原子の酸化数の総和は［0］であり，イオンの場合は酸化数の総和はイオンの価数に等しい．

酸化反応と還元反応はおのおの別々に起こるわけではなく，ある物質が酸化されるとその反応系で他の物質が還元されるという，一組の酸化半反応と還元半反応が対になり，一つの酸化還元反応が成立する．たとえば，窒素の浄化のメカニズムである脱窒反応は，有機物（本書では CH_2O と単純化する）の酸化半反応（表2・6のH参照），すなわち

$$1/4\ CH_2O + 1/4\ H_2O \rightarrow 1/4\ CO_2 + H^+ + e^- \qquad (2\cdot7)$$

と，硝酸（NO_3^-）の還元半反応（表2・6のB参照），すなわち

$$1/5\ NO_3^- + 6/5\ H^+ + e^- \rightarrow 1/10\ N_2 + 3/5\ H_2O \qquad (2\cdot8)$$

が対になり，一つの酸化還元反応を形成することになる．

この反応では，有機物（CH_2O）は，1モルの電子を放出し，Cの酸化数は［0］から［＋4］に増加しているので酸化されたことになる．一方，硝酸は，電子を受け取り，酸化数は［＋5］から［0］に減少しているので還元されたことになる．このように酸化された物質は，他方の反応系の物質を還元し，電子を放出しているので，還元剤あるいは電子供与体と呼ばれる．一方，還元された物質は，他方の物質を酸化し，電子を受け取っているので酸化剤，あるいは電子受容体と

呼ばれる.

2.3.2 微生物による酸化還元反応

水域の水質変化の多くは，酸化還元反応の結果として理解できるが，こうした反応の主な担い手は微生物である．微生物は，酸化還元反応から得られるエネルギーを用いてその生命活動や増殖を行っている．そして，電子供与体と電子受容体の選択は，微生物の種類によって**表2・5**のように分類される.

また，水域の微生物は，その生息環境における酸素の有無によっても分類でき

表2・5 エネルギー源と栄養要求性に基づく微生物の分類

エネルギー源	炭素源	窒素源	電子供与体	電子受容体		微生物の例
光合成	CO_2（独立栄養）	N_2 同化可能	H_2O	好気性	O_2	ラン藻 緑藻
		化合体 N	H_2S	嫌気性	有機酸	緑色硫黄細菌 紅色硫黄細菌
	有機物（従属栄養）		H_2, 有機物		有機物	紅色非硫黄細菌
化学合成	CO_2（独立栄養）	化合体 N	NH_4^+	好気性	O_2	*Nitrosomonas*
			NO_2^-			*Nitrobacter*
			H_2			水素細菌
			Fe^{2+}			鉄細菌
			S, $S_2O_3^{2-}$			*Thiobacillus thiooxidans*
			S, $S_2O_3^{2-}$, H_2S 等	嫌気性	NO_3^-	*Thiobacillus denitrificans*
	有機物（従属栄養）	N_2 同化可能	発酵性基質	好気性	O_2	窒素固定菌
		化合体 N				大腸菌，コウジカビなど
		N_2 同化可能		嫌気性	有機物（糖）	*Clostridium pasteurianum*
		化合体 N	有機物		NO_3^-	脱窒菌
			有機酸，H_2		SO_4^{2-}, SO_3^{2-} など	硫酸還元菌
			発酵性基質		有機物，NO_3^-	発酵性細菌

（柳田友道：微生物科学 1分類・代謝・細胞生理，学会出版センター，1980）

る．すなわち，酸素が存在する環境を好むものを好気性微生物，酸素が存在しない環境を好むものを嫌気性微生物という．なお，嫌気性微生物には，酸素がない環境でしか成育できない絶対嫌気性微生物と，酸素が存在する環境でも成育可能な通性嫌気性微生物がある．また，エネルギーの獲得様式からは，光合成によってエネルギーを獲得する光合成細菌と，光合成を行わない化学合成細菌に分類される．さらに，炭素の獲得源に着目すると，CO_2 から炭素を獲得できる独立栄養細菌と，有機物質から炭素を獲得する従属栄養細菌に分類される．

2.3.3　酸化還元反応とエネルギー

化学反応には必ずエネルギーの出入りがあり，反応が自発的に起こるには，熱力学的に可能である必要がある．今，(2・9) 式のように，微生物によってAとBからCとDという物質が生成する反応を考える．

$$A + B \rightarrow C + D \qquad (2 \cdot 9)$$

この反応によって出入りするエネルギーを，定圧条件ではギブス（Gibbs）自由エネルギー変化量といい，ΔG〔kJ/mol〕で表す．ΔG がマイナスならば，反応は自発的に起こり，ΔG に相当するエネルギーが系外へ放出される．そして，**図2・6**のように，ΔG の一部を生命活動に使うことができる．反対に，ΔG がプラスならば，何らかのエネルギーを供給しなければ，反応は自発的には進まない．

ΔG は，化学反応の重要なパラメータを使って，以下のように表される．

$$\Delta G = -R \cdot T \cdot \ln K = -2.303\ R \cdot T \cdot \log_{10} K \qquad (2 \cdot 10)$$

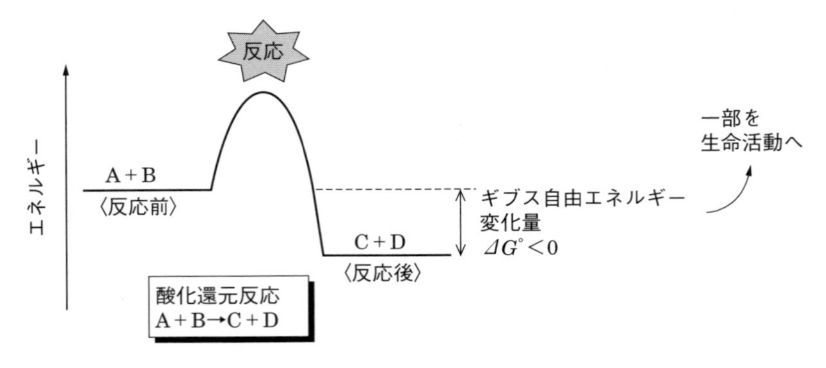

図2・6　酸化還元反応とギブス自由エネルギー

ここに，R：気体定数で $8.314\,\mathrm{J \cdot mol^{-1} \cdot K^{-1}}$，$T$：$-273.15$℃を0とした絶対温度（単位はケルビン〔K〕），$K$：平衡定数である．

この式は，標準状態では，気体定数を代入して以下のように表せる（「°」は標準状態を表す）．

$$\Delta G^\circ = -5.707 \log_{10} K \text{〔kJ/mol〕} \tag{2・11}$$

なお，標準状態とは，圧力＝100 kPa（1気圧），温度＝298.15 K（25.00℃），溶質濃度＝1質量モル濃度を意味している．

また，ΔG の内容は次式のようにも表される．

$$\Delta G = \Delta H - T \cdot \Delta S \tag{2・12}$$

ここに，ΔH：エンタルピー変化量で反応熱と同等のもの，ΔS：エントロピー変化量で乱雑さの度合いを表す量である．

この他，化学反応を考える際の重要なパラメータとして，電子活量 $p\varepsilon$ と酸化還元電位 Eh がある．

電子活量 $p\varepsilon$ とは，電子濃度の逆数の常用対数であり，電子の受け入れやすさを表す指標である．$p\varepsilon$ の値が大きい物質は，電子を受け入れる傾向が強く，反対に小さい物質は電子を放出する傾向が強い．

また酸化還元電位 Eh は，通常，反応性のない白金電極との電位差として表され，Eh がプラス側で大きい値をとるほど，酸化状態が強く（酸素が豊富にあり），逆にマイナス側で絶対値が大きくなるほど還元状態が強い状態にある．

これらのパラメータは，お互いに関連性があり，標準状態では，以下のような関係にある．

$$\Delta G^\circ = -n \cdot F \cdot Eh^\circ \tag{2・13}$$

$$\Delta Eh^\circ = (2.303\,R \cdot T/F) \cdot p\varepsilon^\circ = 0.059 p\varepsilon^\circ \tag{2・14}$$

$$p\varepsilon_1{}^\circ = \log K \quad \text{（還元半反応）} \tag{2・15}$$

$$p\varepsilon_2{}^\circ = -\log K \quad \text{（酸化半反応）} \tag{2・16}$$

ここに，n：電子数，F：ファラデー定数で 96 485 C/mol である．

表2・6に，水域の水質変化を考える場合に重要となる還元半反応と酸化半反応を，電子活量 $p\varepsilon^\circ$ とともに示す．酸化還元反応は，ここにあげた還元半反応と酸化半反応の組合せで形成されるが，どの半反応を選択するかは，熱力学的に可能でなければならない．そのためには，(2・13)式〜(2・16)式より計算される

表2・6　還元半反応と酸化半反応

分類	記号	反応			$p\varepsilon°$
還元半反応	A	$1/4O_2 + H^+ + e^-$	=	$1/2H_2O$	+13.75
	B	$1/5NO_3^- + 6/5H^+ + e^-$	=	$1/10N_2 + 3/5H_2O$	+12.65
	C	$1/8NO_3^- + 5/4H^+ + e^-$	=	$1/8NH_4^+ + 3/8H_2O$	+6.15
	D	$1/2CH_2O + H^+ + e^-$	=	$1/2CH_3OH$	−3.01
	E	$1/8SO_4^{2-} + 9/8H^+ + e^-$	=	$1/8HS^- + 1/2H_2O$	−3.75
	F	$1/8CO_2 + H^+ + e^-$	=	$1/8CH_4 + 1/4H_2O$	−4.13
	G	$1/6N_2 + 4/3H^+ + e^-$	=	$1/3NH_4^+$	−4.68
酸化半反応	H	$1/4CH_2O + 1/4H_2O$	=	$1/4CO_2 + H^+ + e^-$	−8.20
	I	$1/8HS^- + 1/2H_2O$	=	$1/8SO_4^{2-} + 9/8H^+ + e^-$	−3.75
	J	$FeCO_3 + 2H_2O$	=	$FeOOH + HCO_3^- + 2H^+ + e^-$	−0.8
	K	$1/8NH_4^+ + 3/8H_2O$	=	$1/8NO_3^- + 5/4H^+ + e^-$	+6.16

有機物質を CH_2O と単純化した．
（Stumm, W. and Morgan, J.J. : Aquatic chemistry（3rd ed.）, John Wiely & Sons, 1996）を一部改変

ギブス自由エネルギー変化量，すなわち

$$\Delta G° = -5.707 \times (p\varepsilon_1° - p\varepsilon_2°)\ 〔kJ/mol〕 \qquad (2\cdot17)$$

がマイナスになる必要がある．

たとえば，表2・6の中で考えると，硫酸還元反応（E）は，有機物を酸化して水と二酸化炭素にすること（H）はできるが，アンモニアを硝酸に酸化すること（K）はできない．なぜならば，この表の $p\varepsilon°$ の値を（2・17）式に代入すると，前者では

$$\Delta G° = -5.707 \times \{-3.75 - (-8.20)\} = -25.4\ 〔kJ/mol〕 \qquad (2\cdot18)$$

とマイナスになるが，後者では

$$\Delta G° = -5.707 \times \{-3.75 - (+6.16)\} = +56.6\ 〔kJ/mol〕 \qquad (2\cdot19)$$

と，プラスの値となるからである．

表2・7に，水質変化に関連の深い酸化還元反応について，（2・17）式で計算される $\Delta G°$ を示す．これをみると，有機物（CH_2O）の水（H_2O）と二酸化炭素（CO_2）への酸化を選択している反応はいくつかあるが，好気的呼吸（A＋H）では最も $\Delta G°$ が大きく，硫酸還元（E＋H）やメタン発酵（F＋H）などでは，これと比べるとかなり少ないことがわかる．

表2・7 還元半反応と酸化半反応の組合せ

現　　象	反応の組合せ	ΔG°〔kJ/mol〕
好気的呼吸	A＋H	−125
脱窒	B＋H	−119
硝酸還元	C＋H	−82
発酵	D＋H	−30
硫酸還元	E＋H	−25
メタン発酵	F＋H	−23
窒素固定	G＋H	−20
硫化物酸化	A＋I	−100
硝酸化成	A＋K	−43
鉄酸化	A＋J	−83

ΔG° は電子 1mol 当たりのエネルギー，pH＝7
（Stumm, W. and Morgan, J.J.: Aquatic chemistry (3rd ed.), John Wiely & Sons, 1996）を一部改変

2.3.4 酸化還元反応による水質変化

前項のような考えに基づき，**図2・7**に酸化還元反応による水質変化の概念図を示す．ここでは，電子活量 $p\varepsilon^\circ$ と酸化還元電位 Eh° は，（2・14）式で一義的な関係にあるので一つの軸として表した．また，ΔG° の軸は，（2・13）式より，これらとは逆方向となる．

図では，上にあるものほど，電子を受け取りやすい傾向にあり，酸化的な環境にあるといえる．反対に，下にあるものほど，電子を放出する傾向にあり，還元的な環境にある．（2・17）式より，$p\varepsilon$ の差が大きいほど，ΔG° は大きいから，縦軸上で離れている反応系を選択するほど，微生物が獲得できるエネルギーも大きいことになる．

いま，水中に酸素と種々の栄養塩が十分に存在する場合を考える．この場合，最も電子を受け取る性質の強いものは酸素（O_2）であり，最も電子を放出する性質の強いものは有機物（CH_2O）である．その結果，まず，有機物から放出された電子を酸素が受け取る好気的呼吸，すなわち，有機物の酸化分解（表2・6のA＋H）が起こる．これによって微生物が獲得できるエネルギーは，図では最大となる．その後，水中の酸素が消費されると，次の電子受容体として硝酸（NO_3^-）を用いる脱窒反応（表2・6のB＋H）が進行する．そして，さらに還

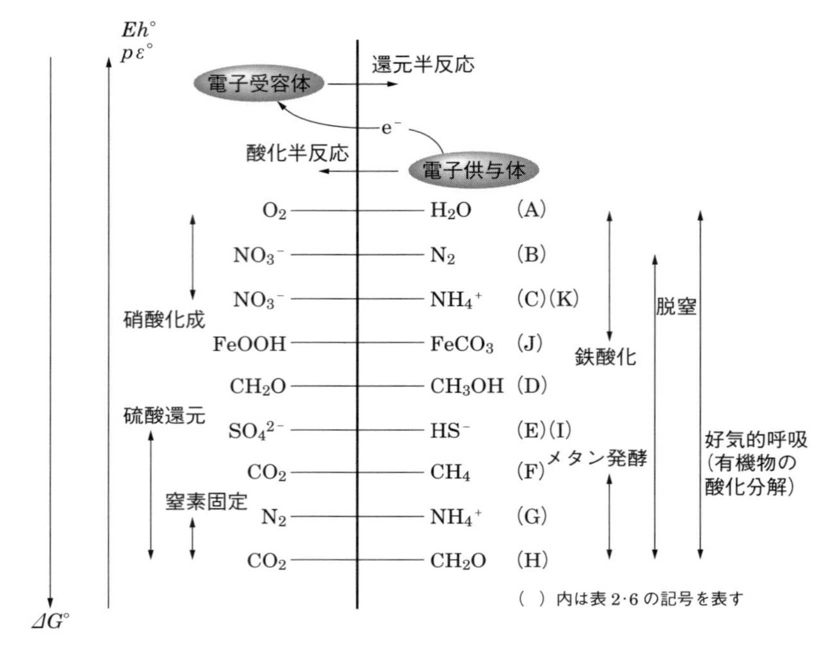

図 2・7　微生物の酸化還元反応による水質変化の概念図

(Stumm, W. and Morgan, J. J.：Aquatic chemistry (3rd ed.), John Wiely & Sons, 1996) より作成

元化が進行すると，鉄の還元や硫酸還元（表 2・6 の E＋H），そしてメタン発酵（表 2・6 の F＋H）が進行することになる．このように，還元化が進行し，選択される電子受容体が図中で次第に下方に移行するにつれて，微生物が獲得できるエネルギーは減少することになる．

2.3.5　電位-pH ダイヤグラム

環境中において，物質の卓越する存在形態は，pH と酸化還元電位によって変化する．こうした現象は化学平衡論の考えから，ある一定の関係が導き出せ，**図 2・8** のように整理すると，水質環境の概略を理解する上で便利である．このような図を電位-pH ダイヤグラム（あるいは，$p\varepsilon$-pH ダイヤグラム，または発案者の名前からプールベ（Pourbaix）ダイヤグラム）という．この図では，縦軸は酸化還元電位，あるいは電子活量であるので，上へいくほど酸化状態が強く，

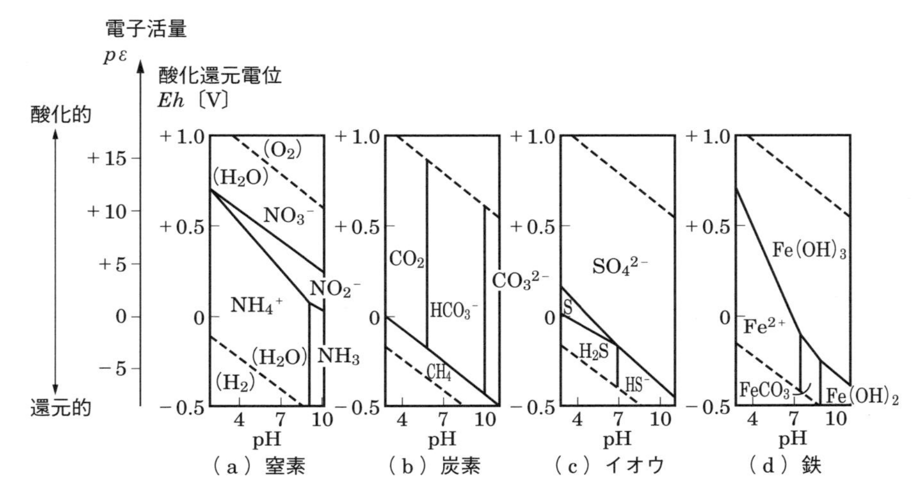

図 2・8　環境中で卓越する化合物の化学形態（電位-pH ダイヤグラム）
（Stumm, W. and Morgan, J.J.：Aquatic chemistry（3rd ed.), John Wiely & Sons, 1996）より作成

下へいくほど還元状態が強いことになる.

いずれの図にも上下に破線がある．上の破線は，これよりも上方へ移行すると水は酸素にまで酸化され，下の破線は，これよりも下方へ移行すると水は水素にまで還元されることを意味している．また，実線は，両方に書かれた物質が等濃度で存在することを表している.

図 2・8 (a) についてみると，還元状態ではアンモニア（NH_4^+）として多くが存在しているが，酸化的な環境変化が進行するにつれて亜硝酸（NO_2^-）を経て硝酸（NO_3^-）に酸化されることがわかる．また，亜硝酸は，中間生成物であるので，卓越して存在する範囲が狭く，実際に環境水の亜硝酸の水質濃度もアンモニアや硝酸と比較すると 1 オーダー程度低い場合が多い.

また，図 2・8 (d) に示す鉄は，リンとのかかわりでも重要である．自然水域で一般的な pH = 6 ～ 8 では，Fe^{2+}が卓越して存在できるのは，Eh がおよそ 0 V 以下の還元状態にあるときであり，酸化的な環境では Fe^{3+} に酸化され，水酸化鉄（$Fe(OH)_3$）や赤鉄鉱（Fe_2O_3）が安定的な形態となる．このため，好気的な環境では，リンは Fe^{3+} と結合して沈殿を作りやすいが（表 6・7 参照），嫌気的な環境では Fe^{3+} は Fe^{2+} に還元されて溶出し，それに伴って，リン酸（PO_4^{3-}）も水中に溶出することになる．

なお，これらの図は，もっぱら化学平衡の考えによっており，速度論的な要素は入っていない．また，実際の水域では異質の水の移流や，人間活動によるかく乱があるため，必ずしもこの図の通りに物質が安定的に存在するわけではない．したがって，この図は，あくまでも水質環境の概略を理解するための見取り図のようなものと理解するべきである．

演習問題

問1　水分子の中で水素原子の電荷は，弱くプラスに帯電している．この理由を「電子対」の用語を用いて説明しなさい．

問2　図2・5において，横軸を「当量濃度」とすることは，どのような意味があるか．

問3　窒素固定反応（表2・6のGとH）での酸化剤は何か．また還元剤は何か．酸化数の変化を用いて説明しなさい．

問4　「酸化剤・還元剤」と「電子供与体・電子受容体」はどのような関係にあるか．

問5　標準状態において，窒素ガス（N_2）が1モル固定されるときのギブス自由エネルギー変化量を計算しなさい．

3章

水質指標を測定する

本章では，窒素，リン，それに有機汚濁物質を中心にして，いくつかの水質指標を測定方法という観点から見ていくことにする．

3.1 指標としての水質

水域の水質環境は，何らかの水質指標の測定値を用いて把握される．「指標（index）」とは，元来，「物事の見当を付けるための目印」あるいは「計器のめもり」という意味を持っている．したがって，指標として認識される数値は，あくまでも定められた方法で測定した場合の値であり，水質項目によっては，必ずしも目的物質の絶対量を表しているわけではないことに注意する必要がある．

水質分析には，さまざまな方法があるが，長期間のトレンドを把握したり，他の地域の水質と比較する場合には，統一された方法で測定する必要がある．我が国では，窒素やリンなどの水質では，日本工業規格による「工業排水試験方法（JIS K 0102）」や，日本水道協会による「上水試験方法」が広く用いられている．

3.2 水質の単位

水質指標の単位には，**表3・1**のようなものが使われている．

3.2.1 質量による表記

水中に含有している溶質の質量を，単位質量当たり，あるいは単位体積当たりの溶液で表記するもので，前者ではSI単位のmg/kg，μg/kg，ng/kg，後者ではSI併用単位のL（リットル）を用いた，mg/L，μg/L，ng/Lなどが用いられている．

3.2.2 比率による表記

比率による表記は，前項のmg/kg，μg/kgなどは，［質量］/［質量］となって無次元となるので，この比率をもって表すものである．水質の分野ではppm（parts per million）やppb（parts per billion）が比較的多く使用されてきた．

表3・1 水質関係で用いられる単位

比率	意 味	SI単位	SI併用単位（溶液の場合）
ppm	parts per million 100万分の1	= mg/kg （10^{-3} g/kg）	≒ mg/L
ppb	parts per billion 10億分の1	= μg/kg （10^{-6} g/kg）	≒ μg/L
ppt	parts per trillion 1兆分の1	= ng/kg = pg/g （10^{-9} g/kg = 10^{-12} g/g）	≒ ng/L

また，最近では環境ホルモンやダイオキシン類の測定値などに，ppt（parts per trillion）も使用されるようになった．これらの表記と前項に述べた表記との関係は，表3・1のとおりである．

通常，1 ppmは1 mg/Lと同じとして取り扱われている．しかし，厳密には，これは正しいとはいえない．1 ppmとは，百万分の一，すなわち，1/1 000 000を意味しているので，たとえば，溶質1 mgが溶液1 000 000 mgに溶けていることを意味している．ここで，もしも溶液の密度を1.000 g/cm^{3}としてよいならば，溶液1 000 000 mgは1 L（1 000 cm^3）である．そして，1 ppmすなわち1 mg（溶質）/1 000 000 mg（溶液）は1 mg/1 000 cm^{3}と等しく，これはすなわち1 mg/Lである．しかし，図2・2に示したように，水の密度は温度によって変化して1.000 g/cm^{3}ではなく，また，20℃では0.998 g/cm^3，30℃では0.996 g/cm^{3}となる．したがって，1 ppm = 1 mg/Lとすることは，溶液の密度を便宜的に1.000 g/cm^{3}で一定であるとみなしているという前提条件がある．しかしながら，上述のようにこの前提条件は厳密には正しくなく，また，溶質濃度が大きいものでは，溶液の密度を1.000 g/cm^{3}とみなすには無理がある．

なお，ppmやppbは，SI単位系への移行に伴い，それぞれmg/Lやμg/Lを使うこととされている．しかしながら，これまでの経緯などもあり，これらは計量法別表での法定計量単位という位置づけにある．

3.2.3 モル数による表記

水中に存在している溶質のモル数を，単位体積当たりの溶液などで表記するもので，mol/L や μmol/L などが比較的多く用いられている．また，モル濃度に原子価を掛けたものを当量濃度という．

3.3 採水時に測定が容易な項目

水質の分析は，試料を採水した後，できるだけ早く測定することが望ましいが，採水現場での測定が比較的容易な項目に，pH，電気伝導率（electric conductivity：EC），溶存酸素（dissolved oxygen：DO）などがある．最近のポータブル測定機器では，基本的には測定センサーを水中に浸すだけで測定が可能である．

pH は，水中に溶けている水素イオンのモル濃度［H^+］の逆数の常用対数であり，(3・1) 式で表される．酸性とアルカリ性の指標としてよく知られているが，多くの物質の存在形態に影響している基本的な水質指標である．

$$pH = -\log_{10}[H^+] \qquad (3 \cdot 1)$$

電気伝導率（EC）は，1 cm 離れた断面積 1 cm^2 の電極間の電気抵抗率の逆数であり，SI 単位では S（ジーメンス）/cm などの単位で表す．これは，水中に溶けているイオン量のおおまかな理解に役立つ．しかし，汚濁に関与する物質のうち，有機物質のような，イオン電荷をもたないものは EC に影響しないので，こ

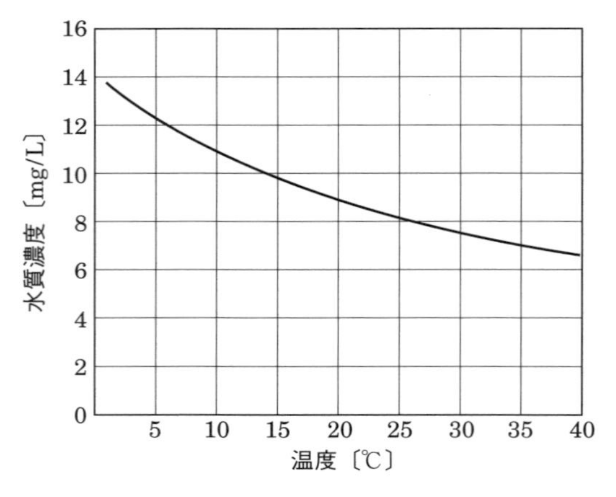

図 3・1　飽和溶存酸素濃度

うした指標とECとの間には明確な関係はない.

溶存酸素（DO）は水中の生物の活動にとってたいへん重要である．また，酸素の多寡によって，好気的な環境になるか，嫌気的な環境になるかが決まるので，DOは，多くの物質の存在形態にも影響している．1気圧の下でのDO飽和量は，温度によって**図3・1**のように変化する.

3.4 懸濁物質（SS）

懸濁物質（suspended solids：SS）は，孔径が0.5～1 μmのフィルターを通過しない成分とされ，フィルターには，ガラス繊維ろ紙が多く使用される．まず，あらかじめ，105～110℃で乾燥させたガラス繊維ろ紙の質量を測定し，そのろ紙を用いて一定量の水をろ過し，その後，再び乾燥させて質量を測る．ろ紙の上に残った懸濁物質〔mg〕をろ過した水量〔L〕で除して，mg/Lとして表す.

後述するアンモニア態窒素やリン酸態リンなどのイオン性の物質の定量は，このようにしてろ過された後の試料を用いる．実際にはろ過後の試料にも，ろ紙の孔径より小さい微細な懸濁物質が含まれているが，通常は，ろ過後の試料には溶存性の物質のみが含まれているとして扱う．なお，この懸濁物質は環境基準や排水基準では「浮遊物質」とされている.

3.5 有機物汚濁指標

3.5.1 生物化学的酸素要求量（BOD）

BOD（biochemical oxygen demand）は，試料中に存在する有機物質が，従属栄養の好気性微生物によって酸化分解される時に消費される溶存酸素量をもって表す（**図3・2**）．通常，20℃で5日間，密閉容器に入れた試料水を培養し，この間に消費された溶存酸素量で示す方法が用いられている.

この酸化分解は，次式のように表されるが，これは，表2・6のA＋Hを簡略化したものでもある．一般に有機物質（本書ではCH_2Oと単純化する）が多いほど，溶存酸素の消費量は多くなるので，BODの値も大きくなる傾向にある.

$$CH_2O + O_2 \rightarrow CO_2 + H_2O \qquad (3 \cdot 2)$$

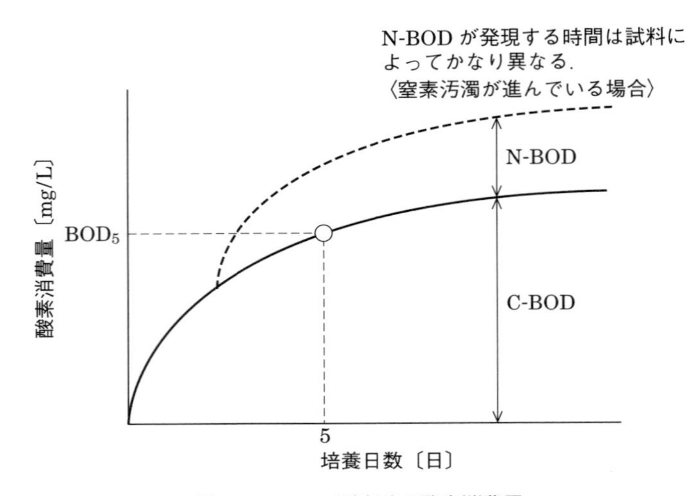

図3・2　BOD測定時の酸素消費量

（武田育郎：水質の基礎（丸山利輔，三野徹編著：地域環境水文学，pp.126-132，朝倉書店，1999））

BODは，有機物汚濁を表す水質指標の代表的なものの一つで，河川の環境基準（生活環境項目）や，下水処理場の放流水の水質基準などに広く用いられている．しかしながら，BODには測定に不確定な要素が入る可能性があるため，有機物質の量を過小評価したり，過大評価したりする可能性がある．したがって，BODは，一定のあいまいさを含んだ指標であるといえる．

BODの測定値が実際の有機物量よりも過小評価される例として，試料水中に毒物などの微生物を痛める物質が存在している場合がある．このような試料では，いくら水中に有機物質が多く存在していても，微生物が十分に活動しないため，培養期間中に消費される溶存酸素量が減少することになる．

一方，BODの測定値が過大評価される例として，採水地点の窒素汚濁が進行している場合が挙げられる．これは，次式のようなアンモニアの亜硝酸への酸化と，亜硝酸から硝酸への酸化の際に酸素を消費するため，この酸素消費量がBODにカウントされることによるものである．

$$NH_4^+ + 3/2\,O_2 \rightarrow NO_2^- + 2H^+ + H_2O \qquad (3\cdot3)$$

$$NO_2^- + 1/2\,O_2 \rightarrow NO_3^- \qquad (3\cdot4)$$

このような酸素消費をN-BODとして，有機物質の分解によって消費される

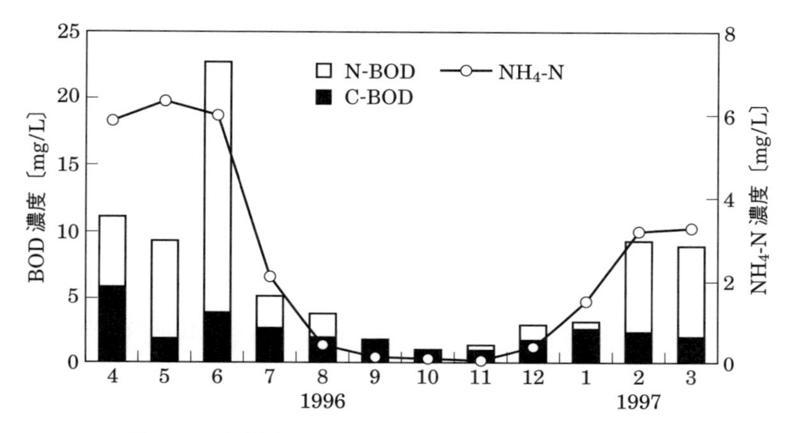

図３・３　多摩川原橋における BOD と NH_4-N の経月変化
（木俣敦子，風間真理：都内河川の N-BOD について，第 32 回日本水環境学会年会講演集，1998）

C-BOD と区別して表記する場合もある．しかし，煩雑な操作を伴うので，一般的な水質分析には取り入れられていない．N-BOD は，有機物質の酸化分解を表していないため，窒素汚濁が進行している場合は，通常の方法で測定した BOD 値がそのまま有機物汚濁の指標として使用できないことになる．

図３・３は，多摩川の多摩川原橋地点で測定された BOD とアンモニア態窒素の経月変化を表している．これは，1.5 km 上流に下水処理場があり，処理場から放流される処理水が，河川水量の 40％を占めるとされている地点の測定値である．これをみると，冬から春にかけて N-BOD が高くなり，その時のアンモニア態窒素も高濃度であることがわかる．また，この報告では，東京都内の河川の 9 割で N-BOD が測定されている．

BOD の測定には，希釈と植種といった前処理が必要である．希釈は，BOD 濃度が比較的高いと予想される試料について行われる．水中の好気性微生物は，溶存酸素濃度が低くなると活動が阻害され，有機物分解が十分に行われない．20℃ で培養中の試料に含まれる溶存酸素濃度は，図３・１より，多くても飽和値の 8.8 mg/L であるので，培養中の消費酸素が 5 mg/L 程度になるように希釈する必要がある．また，植種は，試料に微生物がいない場合に行われる．このような場合は有機物分解が起こらないので，試料に微生物を添加する．植種には，沈殿下水の上澄み液，河川水，土壌抽出液などが用いられるが，測定の後に植種の影響を除くための補正が必要となる．このような希釈と植種をどの程度行うかについては，5日後の測定値を予測することが求められるので，ある程度のカンと経験が必要となる．

3.5.2　化学的酸素要求量（COD）

COD（chemical oxygen demand）は，前項の微生物のかわりに，酸化剤によって試料水を化学的に加熱分解し，このときに消費される酸化剤の量を，酸素量に換算したものである．通常，試料水中に含まれる被酸化物質は有機物質が多いので，このようにして測定されたCODを，有機物汚濁の指標としている．しかしながら，**図3・4**に示すように，CODの測定によって有機物の全量が酸化されるわけではない．使用する酸化剤は，過マンガン酸カリウム（$KMnO_4$）と重クロム酸カリウム（$K_2Cr_2O_7$）があり，また，加熱時間や加熱温度にいくつかの方法がある．我が国の淡水試料では，通常，過マンガン酸カリウムを用いて，100 ℃の沸騰水浴中で30分間加熱分解する方法が一般的である．

$KMnO_4$の酸性溶液中における反応式は次式のようになる．

$$MnO_4^- + 8H^+ + 5e^- \rightarrow Mn^{2+} + 4H_2O \qquad (3\cdot5)$$

ここでMnに着目すると，酸化数は［+7］から［+2］に減少しているので，Mn自体は還元され，それに伴い，有機物質はCO_2やH_2Oなどに酸化される．

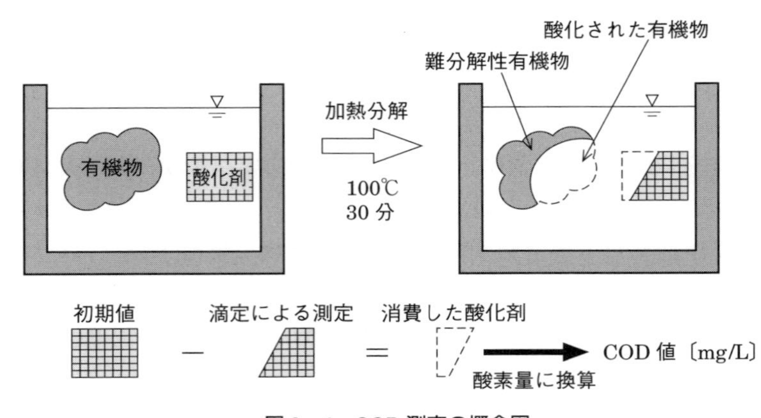

図3・4　COD測定の概念図

CODは通常mg/Lの単位で表されるが，これは酸素濃度〔mgO_2/L〕を意味しており，「過マンガン酸カリウム消費量」とは異なっている．両者の関係は，次式で表される．

$$O_2 : 8 mg/L = KMnO_4 : 31.6 mg/L \qquad (3 \cdot 6)$$

もう一つの酸化剤である重クロム酸カリウムによる反応は，次のように表すことができ，欧米では一般にこの方法が用いられている．

$$Cr_2O_7^{2-} + 14H^+ + 6e^- \rightarrow 2Cr^{3+} + 7H_2O \qquad (3 \cdot 7)$$

日本では通常，CODとは過マンガン酸カリウムを用いたCODを，欧米では重クロム酸カリウムを用いたCODを意味している．これらを区別するため，前者をCOD_{Mn}，後者をCOD_{Cr}と書く場合もある．これら二つの酸化剤の酸化能力（図3・4の「酸化された有機物」の全有機物に占める割合）は，重クロム酸カリウムの方が過マンガン酸カリウムよりも大きい．したがって，同一の試料を二つの方法で測定すると，多くの場合，COD_{Cr}の方がCOD_{Mn}よりも高くなる．したがって，日本でのCOD測定値と欧米での測定値を比較する場合には注意する必要がある．

なお，CODは，試料中に還元性無機イオン（Cl^-，S^{2-}，Fe^{2+}など）が多く存在すると，過大に評価されるおそれのある指標でもある．これは，たとえば，Cl^-イオンが次式のように酸化される時に酸化剤を消費することによる．

$$2Cl^- \rightarrow Cl_2 \qquad (3 \cdot 8)$$

とくにCl^-は，人間活動の影響のあるところでは，淡水試料中にも比較的多く存在するので，酸化分解の前に銀イオン（Ag^+）を添加して塩化銀の沈殿を作り，Cl^-を除去してから測定する．

このように，CODとは一定条件下での酸化可能な被酸化物質の量を表していると考えるべきである．したがって，ある程度のあいまいさを含んだ指標であり，必ずしも有機物質の絶対量ではない．

なお，「3.4　懸濁物質（SS）」で述べたような，ろ過をした後のサンプルについて測定したCODを，溶存性のCODとして「D-COD」と表し，ろ過しないサンプルの測定値を「T-COD」とする場合もある．そして，このような表示のない「COD」は，通常は，後者の測定値を表している．

また，BODとCODは，どちらも有機物汚濁を表す重要な指標であるが，両

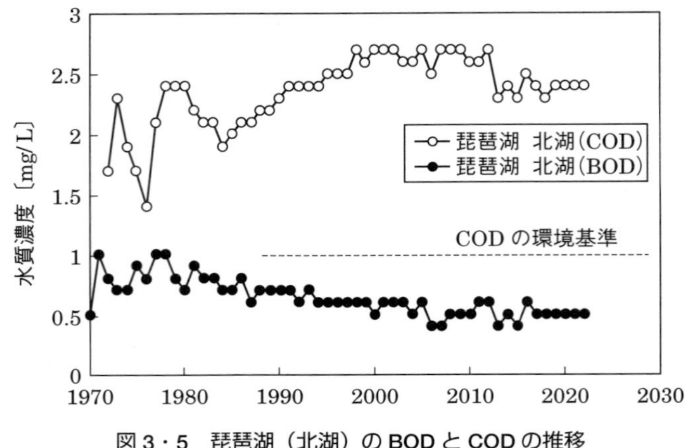

図3・5　琵琶湖（北湖）のBODとCODの推移
（滋賀県：滋賀の環境2022（令和4年版環境白書））より作図

者の間に一定の関係はないとされている．しかし最近，いくつかの水域において，BOD濃度が経年的に低下しているにもかかわらず，COD濃度が上昇するという不思議な現象がみられている．**図3・5**に琵琶湖（北湖）の例を示すが，こうした現象は「BODとCODの乖離」と呼ばれ，関心を呼んでいる．

3.5.3　全有機炭素（TOC）

TOC（total organic carbon）は，有機物には必ず含まれる炭素を定量する指標であり，前述のBODやCODにあるようなあいまいさを含んでいないという利点がある．TOCの測定では，主に燃焼-赤外線分析法が用いられ，有機物が燃焼したときに生じる二酸化炭素を定量することによって求められる．

3.5.4　溶存有機物（DOM）

図3・5に示した「BODとCODの乖離」現象の原因物質として，近年注目を集めているものに，難分解性の溶存有機物（dissolved organic matter：DOM）がある．溶存有機物は，化学構造が複雑であり（図4・2参照），また，化学組成や分子量も多様であるので，個々の物質の定量は現実的ではない．したがって，溶存有機物は，イオン交換樹脂への吸着の有無や，酸や塩基への溶存性によって

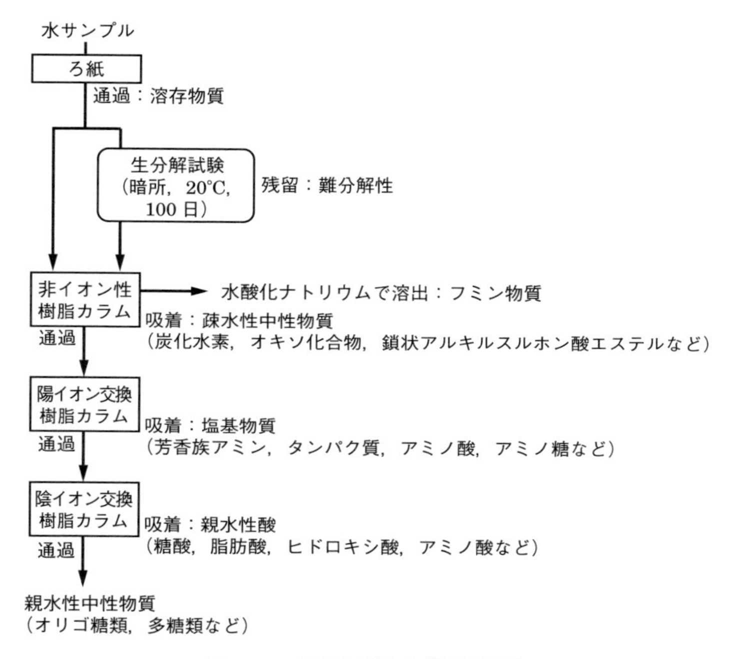

図 3・6　溶存有機物の分画の概略
（今井章雄：難分解性溶存有機物，環境儀，13，2004）より作図

操作的に分類され，定量される．たとえば**図 3・6** では，ろ過によって懸濁物質を除いた水を非イオン性樹脂カラムに通し，通過したものを親水性物質，通過しなかったもので水酸化ナトリウムに溶解するものをフミン物質（腐植物質，humic substances）としている．フミン物質はさらに，フミン酸（酸に不溶，アルカリに溶解），フルボ酸（酸とアルカリに溶解），ヒューミン（酸とアルカリに不溶）に分類される．また，陽イオン交換樹脂カラムや陰イオン交換樹脂カラムに通すことによって，塩基物質，親水性酸，親水性中性物質に分類される．あるいはまた，蛍光分析装置を用いて三次元励起蛍光スペクトル（ある種の光を当てたときの水中の分子が発する光の波長の分布）を解析し，種々の溶存有機物の由来（森林，水田，畑，市街地，地下水，下水処理水など）を調べることも，近年多く行われている．

溶存有機物は，水銀，亜鉛，カドミウムなどの重金属や農薬，有機塩素系化合物（DDT，PCBなど）と結合する性質があるので，これらの物質のプール（貯蔵庫）あるいはキャリアー（運び屋）として，重要な意味をもっている．また，溶存有機物は，「1.3.3（4）　消毒副生成物」で述べた浄水場でのトリハロメタンを生成させる前駆物質でもある．これまでは，トリハロメタンの前駆物質として，主にフミン物質が注目されてきたが，フミン物質以外の親水性物質も，トリハロメタンの生成能をもつことが報告されている．さらに，溶存有機物には，植物プランクトンの増殖に必要な鉄を取り込んで溶出しにくくするものと，反対に鉄を溶出しやすくするものがある．

このように，溶存有機物の水環境への影響はたいへん大きいと考えられているが，上述のように化学構造が多様で，また，その由来や環境中の挙動もよくわかっていないので，現在，こうした観点から多くの研究が進められている．

3.6 富栄養化関連指標

3.6.1 窒　素

(1) 水中の窒素

水中の窒素は，**図3・7**に示すように，さまざまな形態で存在している．

これらのうち，無機態窒素（アンモニア態窒素：NH_4-N，亜硝酸態窒素：NO_2-N，硝酸態窒素：NO_3-N）は，イオン（それぞれ，NH_4^+，NO_2^-，NO_3^-）として水中に溶存しており，特定の発色試薬と反応して色がつく（NO_3^-の場合は色はつかず，紫外線を吸収する）という性質を利用し，比色法による定量が一般的である．

一方，有機態窒素（organic nitrogen：Org－N）の測定は，試料をケルダー

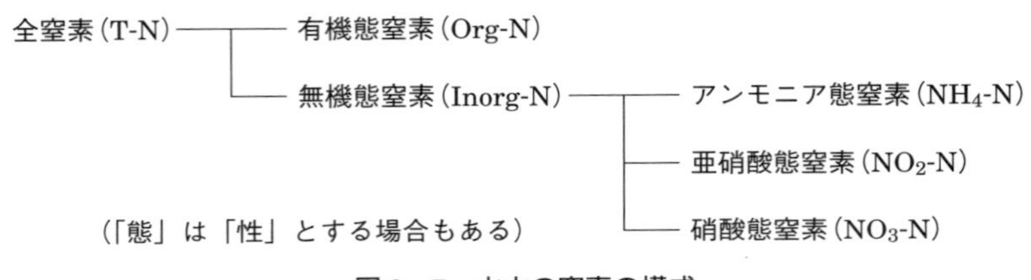

図3・7　水中の窒素の構成

ル分解（硫酸，硫酸カリウムおよび硫酸銅の混合溶液で加熱）し，有機物中に含まれる窒素をアンモニアにして定量する．

全窒素（total nitrogen：T－N）の定量は，このようにして測定された有機態窒素と無機態窒素を総和する方法と，全窒素を直接測定する方法がある．直接測定する方法は，酸化剤（ペルオキソ二硫酸カリウム）を用いてすべての窒素を高温高圧で硝酸にまで分解し，これを定量するものである．この方法を用いた場合，有機態窒素は全窒素から無機態窒素を差し引いたものとされる．

(2) 窒素の性質

窒素はこのようにいくつもの存在形態があるが，それぞれつながりがあり（図4・1参照），また，以下のような注意すべき性状がある．

まず，水中のアンモニア態窒素濃度が高くなると，「3.5.1　生物化学的酸素要求量（BOD）」で述べたようにBODが高く測定されがちとなることのほか，浄水場での殺菌作用の低下があげられる．我が国の水道では，すべての浄水場で塩素処理が行われているが，水道原水のアンモニア態窒素濃度が高いと，これと塩素が反応してクロラミンが生成し，塩素の殺菌能力を阻害する．したがって，投入する塩素量が増加する傾向にあり，水道原水中に有機物質が多いと，発ガン物質であるトリハロメタンの生成量が多くなるのではないかと懸念されている．

また，亜硝酸態窒素と硝酸態窒素が高濃度である水を飲用すると，メトヘモグロビン血症を引き起こすことになり，特に幼児には危険である．メトヘモグロビン血症とは，硝酸が体内で亜硝酸に還元され，血液中のヘモグロビンと結合し，ヘモグロビンが元来持っていた酸素運搬能力を阻害するものである．このため，水道水の水質基準では，亜硝酸態窒素と硝酸態窒素の濃度が10 mg/L以下と定められている（付表3参照）．

無機態窒素には，土壌との相互作用に関して以下のような特徴的な性質がある．すなわち，アンモニアイオン（NH_4^+）は土壌に保持されやすく，比較的動きにくい性質を有する．これは，アンモニアイオンの正電荷が，土壌粒子の外部負電荷に引かれること，また，粘土鉱物の同型置換による内部負電荷によって強く保持されることにある．一方，アンモニアが酸化された硝酸イオン（NO_3^-）や亜硝酸イオン（NO_2^-）は負電荷であるので，このような電気的な相互作用は働かず，土壌内に保持されることが少ない．

3.6.2 リ　ン

(1) 水中のリン

水中のリンは，**図3・8**に示すように，まず，溶存態リンと懸濁態リンに分けられる．溶存態リンには，リン酸態リン，凝集態リン，それに有機態リンがある．リン酸態リンは，PO_4^{3-}（正リン酸あるいはオルソリン酸ともいう）のイオンの形態で存在するもので，植物や藻類に利用される．凝集態リンは，ピロリン酸（$P_2O_7^{4-}$）やトリポリリン酸（$P_3O_{10}^{5-}$）などの縮合塩の形態で存在するリンで，加水分解によって比較的早くリン酸態リンに移行するものである．

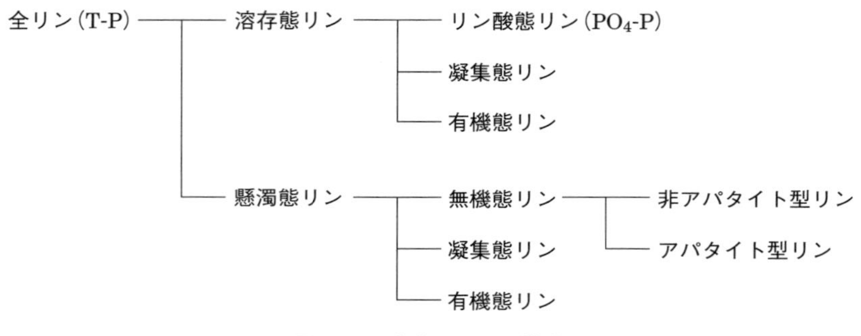

図3・8　水中のリンの構成

一方，懸濁態リンも同様な分類が可能である．この中で，アパタイト型リンは，リン灰石（$Ca_5(OH)(PO_4)_3$）の結晶格子の中にあるリン酸で，ほとんど溶解されないものとされている．その他の懸濁態リンは，比較的速やかに分解されてリン酸（PO_4^{3-}）となるものと，安定的に存在していて溶解されにくいものとがある．

これらのリン化合物の形態をそれぞれ区別して測定することはたいへん煩雑であるので，水質分析ではリン化合物の性質別で定量されている．リン酸イオンは，弱酸性でモリブデン酸アンモニウムと結合し，リンモリブデン錯体を形成し，これが還元されると青色を呈するという性質をもっている．試料を「3.4　懸濁物質」のろ紙によってろ過し，溶存物質のみとなった試料にこの操作を施し，発色したものをリン酸態リン（PO_4-P）としている．また，ろ過していない試料を，酸化剤（ペルオキソ二硫酸カリウム）で酸化分解し，すべての形態のリン化合物をリン酸とした後，これを定量したものを全リン（T－P）としている．全リンからリン酸態リンを差し引いたものを，便宜的に有機態リンとする場合もあるが，図3・8に示すように懸濁態の無機リンや凝集態のリンも含まれている．

(2) 生体内のリン

リンは地球上の岩石にわずかしか含まれていない物質であるが，生命活動にとってきわめて重要である．たとえば，生体内で「エネルギーの通貨」として働くATP（アデノシン三リン酸）では，**図3・9**のように，リン酸は高エネルギーリン酸結合として生命活動に深くかかわっている．

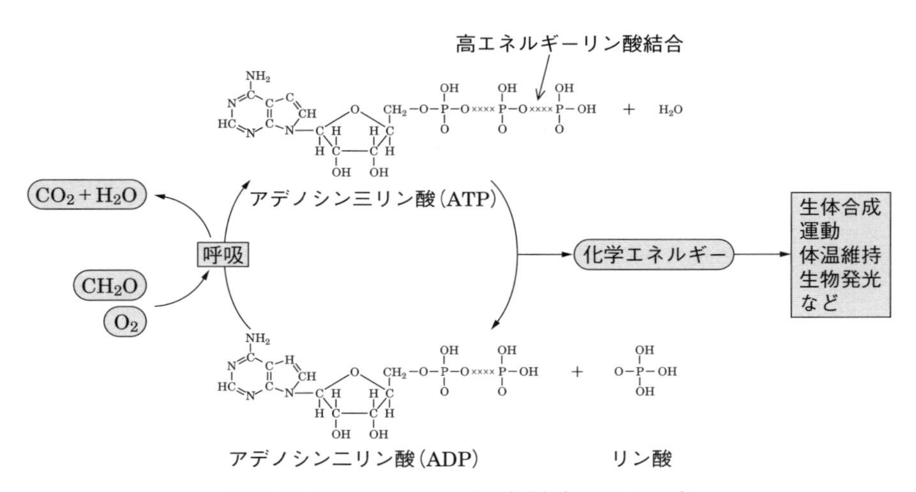

図3・9　生体内でのリン酸の役割（ATPとADP）
（鈴木啓三：エネルギー・環境・生命ーケミカルサイエンスと人間社会，化学同人，1990）より作成

また，骨格ではこれを構成するリン酸カルシウムとして，さらに細胞の中の核酸の構成要素として重要な役割を担っている．

このようなことから，富栄養化に伴うプランクトンの増殖に与える影響は，リンの方が窒素よりも大きいとする考えもある．

(3) リンと金属元素

陸水域でのリンの挙動を考えるとき，最も特徴的なことは，リン酸が土壌や岩石に含まれるアルミニウム（Al），鉄（Fe）それにカルシウム（Ca）といった金属元素に対して強い親和性をもつことである．土壌中の無機態リンのほとんどは，これら三つの金属元素と結びついた形で存在し，わずかしか水中に溶解しない．このようなことから，降雨時に増水した河川では，濁水中の土壌粒子に吸着したリンが多く流出していくことになる．**図3・10**に示すような長期間の水質変動をみると，PO_4-P濃度はあまり変化がないが，降雨時のT－P水質は大きく上昇しており，T－PからPO_4-Pを差し引いた部分の多くは，上述のようなリンであるとされている．

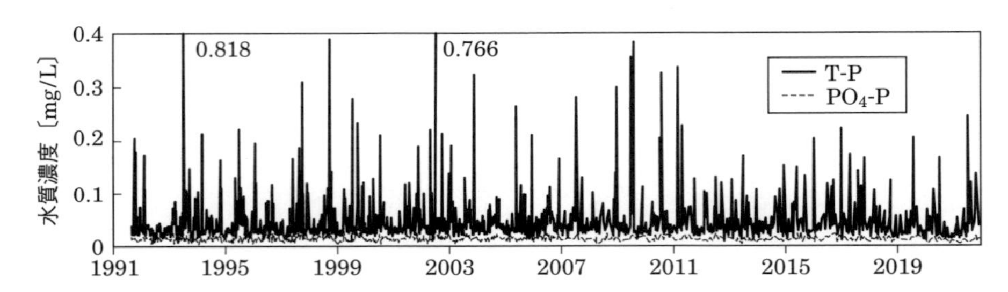

図3・10　河川のリン水質の測定例（島根県斐伊川，週1回採水データ）
（武田育郎：人口減少が特徴的な流域における河川水質の30年間の変遷，環境技術，52（1），2023）

リン酸の金属原子への結合のメカニズムはかなり複雑であるが，pHと酸化還元電位に強く影響される．すなわち，リン酸は，pHが5～6で溶解度が最も小さくなるため，この条件で析出が進む（図6・12参照）．また，好気的な環境下でFe^{3+}の塩として沈殿していたリン酸が，嫌気的な環境下でFe^{2+}の溶出（図2・8（d）参照）とともに溶け出してくることもある．こうした現象は，たとえば，夏期に湖沼の下部が酸素欠乏になった場合に，底に堆積した底質からのリンの溶出として現れることがある．

3.6.3　鉄

富栄養化現象の原因物質は，主として前述した窒素とリンであるが，富栄養化によって引き起こされる植物プランクトンの増殖には，窒素とリンに加えて鉄もたいへん重要な意味をもっている．これは，窒素やリンが豊富に存在するものの，植物プランクトンがわずかしか生息していない海水に鉄を加えると，植物プランクトン（クロロフィル）が顕著に増加し，養分であるリン酸が消費されることか

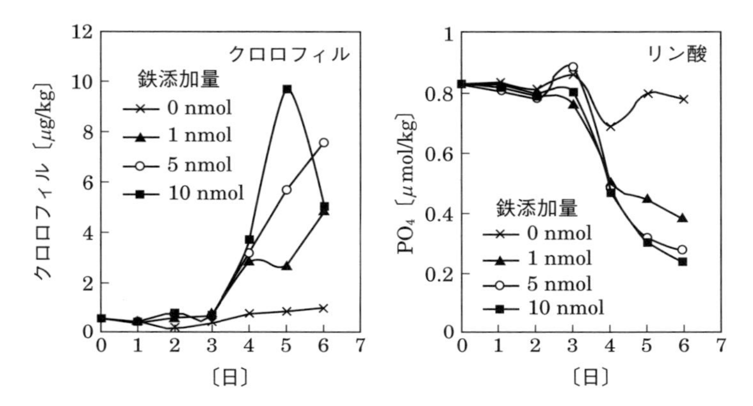

図 3・11　栄養塩の豊富な海水に鉄を添加した場合のクロロフィルとリン酸の濃度変化
（Martin, J. and Fitzwater：Iron deficiency limits phytoplankton growth in the north-east Pasific subarctic, nature, 331, 1988）を一部改変

らもわかる（**図 3・11**）．そしてこのことは，鉄がプランクトン内での養分の利用や，光合成色素の生成に深く関与していることに理由がある．

鉄の分析は，二価鉄（Fe^{2+}）が 1，10－フェナントロリンと反応して赤褐色の錯体を形成する性質を利用する．すなわち，試料中の鉄を酸で溶解し，これを Fe^{2+} に還元した後，1，10－フェナントロリンと反応させ，試料の赤褐色の濃さを測定する．

鉄はまた，ワカメやコンブなどの海草の生育にとっても重要な元素であり，鉄分の豊富な海域は，しばしば良好な漁場となっている．しかし，植物に利用可能な鉄（溶存鉄：Fe^{2+}）は，河川や海域などの好気的な環境下では容易に Fe^{3+} に酸化されて沈殿し（図 2・8，図 6・12 参照），植物に利用されない．こうした条件下での Fe^{2+} の供給源としては，森林土壌に起源をもつフルボ酸鉄が知られている．しかしながら近年では，森林の荒廃などによって，陸域から海域へ供給される鉄の量が減少し，これが原因となって良好な漁場が失われているのではないかとする懸念もある．

3.6.4 クロロフィル a

クロロフィルは，植物中の葉緑体に存在する緑色の色素分子であり，富栄養化による植物プランクトン量の指標となるものである．クロロフィルには a，b，c，d の 4 種類があるが，クロロフィル a（**図 3・12**）はすべての藻類に含まれている．クロロフィル a は，光合成におけるエネルギー伝達には必ず必要であるので，通常はクロロフィル a のみが測定対象となる．クロロフィル a は，試料をろ過した後の懸濁物質から色素を抽出し，抽出液における特定波長の吸光度から定量される．なお，クロロフィル含有量は，藻類の種類や年齢によって変化するので，クロロフィル a 量がそのまま藻類の現存量に対応しない場合もある．

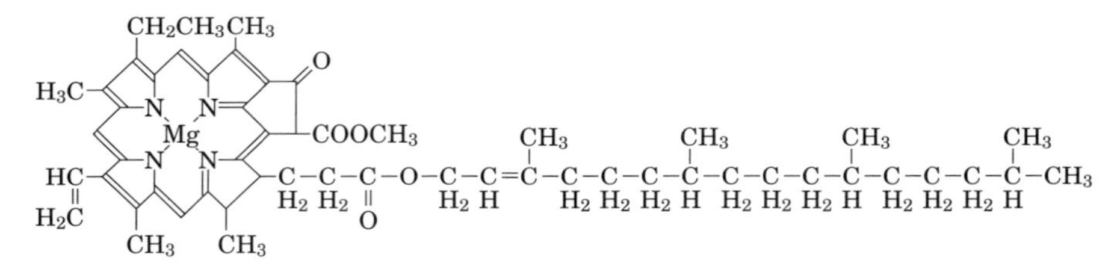

図 3・12　クロロフィル a の化学構造

COLUMN　鉄が地球温暖化防止に貢献する？

現在，地球温暖化の原因物質である大気中の二酸化炭素の削減が重要な課題となっているが，鉄がこの課題の解決に重要な役割を果たしうるとする考えがある．すなわち，窒素やリンが豊富にあるものの，鉄の欠乏によって植物プランクトンの増殖が抑えられている海域に鉄を散布し，植物プランクトンの増殖を促そうとするものである．この考えでは，寿命の短い植物プランクトンの死骸が深海に大量に沈降するので，植物プランクトンが光合成によって生体内に取り込んだ二酸化炭素を，地表付近の炭素の循環から離脱させることができる（図 4・11 参照）．これについては，海域において既にいくつかの実験が行われているが，生態系をかく乱する懸念もあり，議論を呼んでいる．

3.6.5 AGP

AGP（algal growth potential）とは，試料のもつ藻類生産の潜在力を測定するものである．上水試験方法では，緑藻類の*Selenastrum capricornatum*を標準種，ラン藻の*Anabena folsaquae*と*Microcystis aeruginosa*を準標準種として用い，昼光色の蛍光灯の下で，20 ± 1°C（緑藻またはケイ藻）または25 ± 1°C（ラン藻）で藻類が最大濃度に達するまで培養を行う．その後，増殖した藻類量の乾燥重量を求め，AGP〔mg/L〕とする．自然水域では，貧栄養湖で1 mg/L以下，中栄養湖で1～10 mg/L，富栄養湖で5～50 mg/L，汚濁河川で50～100 mg/Lとされている．

3.7 糞便汚染指標

糞便汚染指標の大腸菌群数は，糞便汚染指標として広く用いられており，BODとともに下水処理場の放流水の水質基準などにも用いられている．水系感染症の原因となる病原性微生物は，コレラ菌，赤痢菌，サルモネラ菌，病原性大腸菌などがあり，これらは糞便とともに排出され感染する．環境衛生の観点からは，多くの病原性微生物を常時，測定して監視することが理想的であるが，時間やコストを考えると現実的ではない．このため，糞便性の汚染を判断する指標として大腸菌群数が用いられている．

大腸菌群とは，グラム染色陰性，無芽胞の桿菌でラクトースを分解して酸やガスを発生する好気性，または通性嫌気性の微生物の総称である．したがって，糞便中に生息している大腸菌とそれ以外の菌も含むので，分類学上の大腸菌とは一致していない．また，大腸菌のうちで病原性のあるものは一割程度であるので，大腸菌，あるいは大腸菌群そのものがすべて病原性をもつわけではない（**図3・13**）．

測定は，試料と培地の混合物を35～37℃で18～20時間培養し，培地に形成した赤～深紅色の定形的集落数を数えて行われる．そして，大腸菌群が水中に存在するということは，糞便でその水が汚染されていることを意味し，病原性微生物によって汚染されている疑いがあるものと推定される．

大腸菌群試験は，測定が簡便である反面，大腸菌群には土壌や環境由来のもの

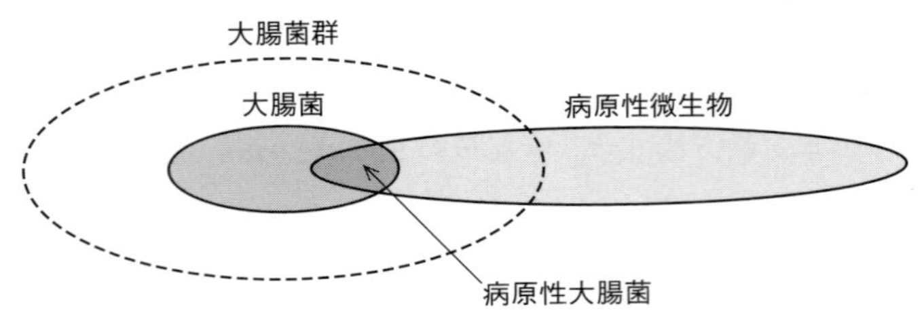

図3・13　大腸菌群と病原性微生物の関係

も含まれるので，実際の糞便性の汚染を過大評価することがある．

そして，大腸菌のみの簡便で迅速な測定法が確立したことにより，2004年に改正された水道水の水質基準では，「大腸菌群数」は「大腸菌数」に変更された（「5.5.4　水道水の水質基準」参照）．また，2022年には環境基準（生活環境項目）において，2024年には下水道からの放流水の水質（下水道施行令）においても「大腸菌群数」は「大腸菌数」に変更された．

3.8　生物学的水質汚濁指標

これまでに述べた水質指標の多くは，特定の物質量を定量するものであるが，これらは対象としている水域の環境の一側面を評価しているにすぎないということもできる．これに対する総合的な指標として，水域に棲息する生物の種類と個体数に着目する方法がある．これは，水域に棲息する生物は，清澄な環境を好む種類と，汚濁した環境を好むものがある（**表3・2**）ので，こうした生物の種類と個体数が，水環境を総合的に表しているとする考えに基づいている．こうした指標の一つに，生物の種類と個体数を調べ，個体数にそれぞれの種類の指標する環境に応じた重み（汚濁指数）をつけた，ポリューション・インデックスがある．ポリューション・インデックスは，たとえば汚濁指数を表3・2のように設定し，水域の環境を以下のようにして数値で表そうとするものである．

$$PI = \Sigma(s \cdot h)/\Sigma h \qquad (3 \cdot 9)$$

ここに，s：汚濁指数，h：出現個体数〔個体数/m^2〕である．

表 3・2　生物学的水質階級と主な優占種

生物学的水質階級	汚濁指数	優　占　種
貧腐水性	1	ヒゲナガカワトビケラ・ウルマーシマトビケラ・イノプスヤマトビケラ・ヒラタカゲロウ属の各種・マダラカゲロウ属（アカマダラカゲロウを除く）・カミムラカワゲラ・トウゴウカワゲラ・ブユなど
β中腐水性	2	モンカゲロウ・アミメカゲロウ・キイロカワカゲロウ・シロタニガワカゲロウ・アカマダラカゲロウ・スジエビ・カワニナなど
α中腐水性	3	コガタシマトビケラ・ミズムシ・フジツボ・ヤマトシジミ・アサリ・ヒメタニシ・マガキ・モノアラガイ・ゴカイなど
強腐水性	4	イトミミズ・ユスリカなど

（森下依理子：底生動物を指標とする生物学的水質判定法（玉井信行，水野信彦，中村俊六編：河川生態環境工学，東京大学出版会，1993，所収））を一部改変

演習問題

問 1　我が国の河川などの公共用水域における水質の監視は，どのような体制で行われているか．

問 2　BOD や SS の水質濃度は，環境基準（「5.5.1　環境基準」参照）と比較する場合，「平均値」ではなく「75％値」が用いられる場合が多い．この「75％値」とは何を意味しているか．

問 3　いま，BOD 濃度が 30 mg/L 程度と予想される水サンプルがある．このサンプルの BOD 濃度を測定するには，何倍に希釈すればよいか．

問 4　「3.6.1　窒素（1）水中の窒素」で述べた比色法では，測定にろ過をした水サンプルを用いる．ここでろ過をしたサンプルを用いる理由は何か．

問 5　夏になると，湖沼などの閉鎖性水域では，底層でのリン酸濃度の上昇が測定されることが多い．この理由を，2 章と 6 章にある図表を用いて説明しなさい．

4章
物質循環から水環境を考える

4.1 窒素の循環

4.1.1 化学形態のサイクル

窒素の化学形態のサイクルを**図4・1**に示す．生体内や動物の排泄物中，あるいは土壌中に含まれる窒素の多くは，有機態窒素である．有機物中の窒素は，まず，好気性微生物によって尿素を経てアンモニアに生分解される．アンモニアイオン（NH_4^+）は，酸素の豊富な好気条件を好む *Nitrosomonas* 属の細菌によって亜硝酸イオン（NO_2^-）に酸化され，その後 *Nitrobacter* 属の細菌によって硝酸イオン（NO_3^-）にまで酸化される．この一連の $NH_4^+ \rightarrow NO_3^-$ の酸化反応を硝酸化成（硝化）と呼んでおり，この反応の担い手となる一群の好気性微生物を硝化菌という．この反応は，表2・6のA（酸素が水に還元される還元半反応）とK（アンモニアが硝酸へ酸化される酸化半反応）の総和であるので以下のように表せる．

$$NH_4^+ + 2O_2 + 3H_2O \rightarrow NO_3^- + 4H_2O + 2H^+ \quad (4 \cdot 1)$$

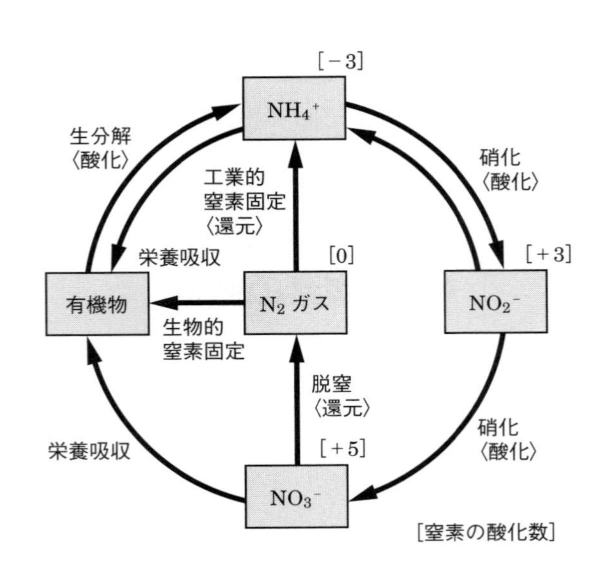

図4・1　窒素の化学形態のサイクル
（武田育郎：水質の基礎（丸山利輔，三野徹編著：地域環境水文学，pp.126-132，朝倉書店，1999））

これは，アンモニアが放出した電子を酸素が受け取る酸化還元反応である．したがって，アンモニアの硝酸までの酸化には，当然，酸素が必要となる．実際，好気条件下では，硝化菌は環境中にごく普通に生息しているので，硝化反応は，比較的速やかに進行する．そのため，中間生成物である亜硝酸イオンの水質濃度は，アンモニアや硝酸イオンよりも１オーダー小さい場合が多い（図２・８（a）参照）．

窒素化合物の最終酸化物は硝酸であるが，これは，還元条件下で脱窒菌と呼ばれる一群の微生物によって窒素ガス（N_2）に還元される．この反応を脱窒反応といい，表２・６のＢ（硝酸が窒素ガスに還元される還元半反応）とＨ（有機物が二酸化炭素に酸化される酸化半反応）の総和，すなわち

$$4NO_3^- + 5CH_2O + 4H^+ \rightarrow 2N_2 + 5CO_2 + 7H_2O \qquad (4 \cdot 2)$$

として表すことができる．これは，有機物が放出した電子を硝酸が受け取る酸化還元反応である．このことから，脱窒には還元的な環境の他に，十分な有機物が必要である．なお，脱窒菌は，嫌気性菌であるので分子状の酸素のない状態を好むが，酸素があっても活動できる通性嫌気性菌である．

このような過程は有機物質→無機物質の形態変化として理解できるが，これとは逆の無機物質→有機物質の経路もある．その一つは植物によるアンモニアと硝酸の養分吸収（同化）であり，もう一つは一部の生物による窒素固定である（厳密には生物による窒素固定も，生物体である有機物になる前にアンモニアの形態がある）．窒素固定は，表２・６のＧ（窒素ガスがアンモニアに還元される還元半反応）とＨ（有機物が二酸化炭素に酸化される酸化半反応）の総和であるので，以下のように表せる．

$$2N_2 + 3CH_2O + 3H_2O + 4H^+ \rightarrow 4NH_4^+ + 3CO_2 \qquad (4 \cdot 3)$$

（4・1），（4・2）式と同様に考えると，この式は有機物が放出した電子を窒素ガスが受け取る酸化還元反応と理解できる．

窒素固定は，マメ科植物の根に共生する根粒菌や，ラン藻，それに光合成細菌などによって起こる．この機構が効率的に発揮されれば，農地を肥沃にすることにつながるため，昔から関心が高い．

窒素固定にはまた，このような生物的窒素固定のほかに，人工的に反応を進める工業的窒素固定がある．工業的窒素固定は，コラムに述べたハーバー法に起源

があり，現在も肥料工業の根幹をなしている．

窒素は，土壌中で腐植（**図4・2**）の形態になると非常に分解されにくくなるため，きわめて循環速度の遅い物質でもある．大気中の窒素が循環過程をひとまわりするには約1200年かかると推定され，これは炭素の22年，河川水の22日（表1・1参照）などと比較するとかなり長い．

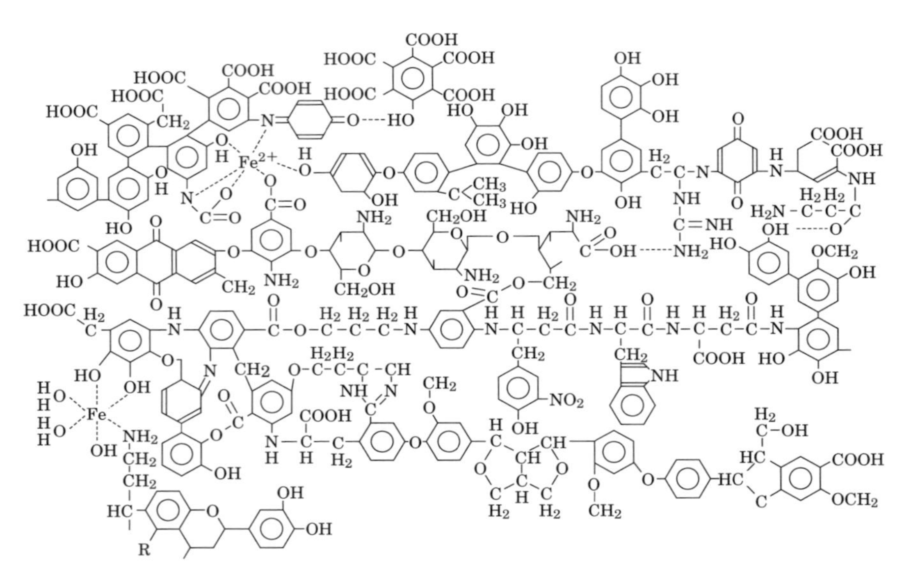

図4・2　腐植の推定化学構造

（國松孝男，菅原正孝編著：都市の水環境の創造，技報堂出版，1988）

4.1.2　地球規模の窒素循環

地球規模の窒素循環は，基礎とするデータや仮定の設定などによって若干異なったいくつかの計算値が発表されている．一例として，工業的窒素固定量の推移を**図4・3**に示す．コラムにおいて述べたように，工業的な窒素固定は20世紀初頭から開始されたが，その量は年々増加し，1960年頃からはその増加速度が増している．そして，2016年には144×10^6tにもなり，これは自然状態での窒素固定量の推定範囲の上限を超える量となっている．なお，グラフのプロットが1990年頃に少し減少しているが，これは，旧ソ連邦の解体に伴う混乱（農業

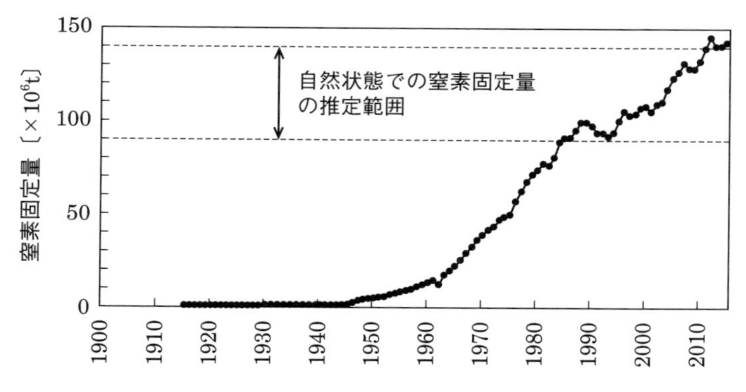

図 4・3　世界の工業的窒素固定量の推移

（United States Geological Survey：Historical statistics for mineral and material commodities in the United States，2022 および Vitousek, P. M., Aber, J. D., Howarth, R. W., Likens, G. E., Matson, P. A., Schindler, D. W., Schlesinger, W. H. and Tilman, D. G.：Human alteration of the global nitrogen cycle；Causes and consequences, Ecological Applications, 7, 1997）より作図

COLUMN　窒素肥料と戦争の意外な関係

窒素肥料を生産するための工業的窒素固定の発端は，1900 年代初頭のヨーロッパにあり，歴史的に見ると窒素肥料と戦争は，以下のような意外な関係にある．

19 世紀末のヨーロッパでは，産業革命によって増加した人口と食糧生産量とのギャップが重大な問題と認識され，当時，南米のチリから輸入していた硝石に替わる窒素肥料の原料を見つけだす必要に迫られていた．一方，大気中にはほぼ無尽蔵に窒素があるので，空中窒素の工業的固定がヨーロッパ各地で試みられたが，実用には無理があった．しかし，ドイツのフリッツ・ハーバーは，1909 年，大気中の窒素ガスをアンモニアに合成する方法を開発し，1913 年には工場での窒素固定による肥料生成に成功した．この年は，第一次世界大戦の勃発する 1 年前であった．アンモニアの酸化物質である硝酸は，火薬の原料でもあったため，大気中から固定した窒素は，有力な軍需物資でもあった．このアンモニア合成法が成功したことの意義は大きく，このことが当時のドイツ皇帝カイザーをして世界大戦の開戦を決意させた誘因の一つであるといわれている．また，イギリスの海上封鎖によってチリ硝石が入手できないはずのドイツが，周辺国の予想に反して戦争を継続できた理由の一つであるともいわれている．

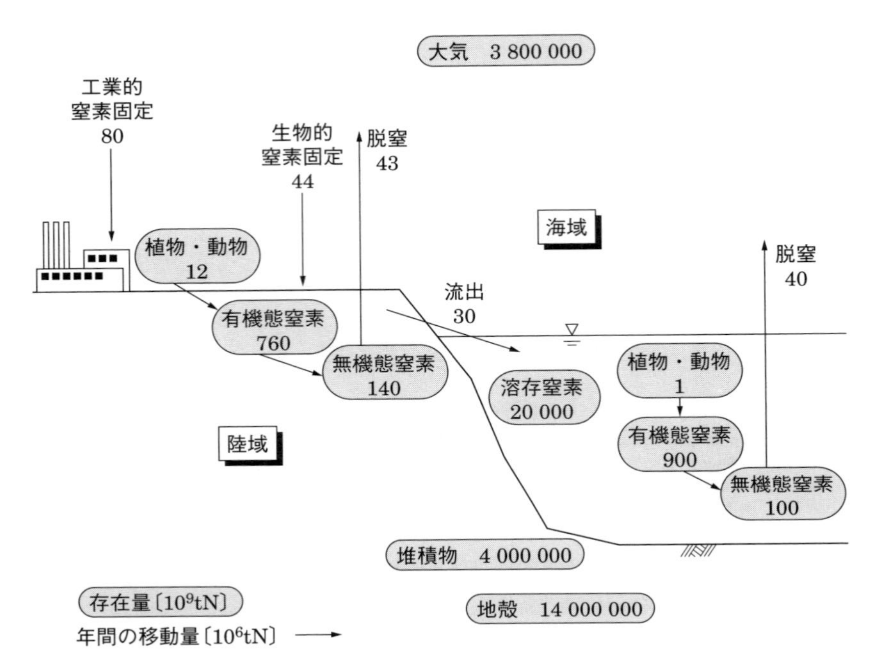

図 4・4　地球規模での窒素の循環

(小柳津広志，柴田哲，金森紀仁：非マメ科植物に共生窒素固定系を賦与するための研究戦略と問題点，土壌肥料学雑誌，70（4），1999）より作成

補助金の改廃など）によるものである．

また，**図 4・4** に地球上の陸域と海域における窒素循環を推定したものを示す．大気中と堆積物中に存在する窒素量はほぼ同程度であり，陸域や海域で循環にかかわるものの存在量に比べると格段に多い．そして，陸域と海域における窒素の大気とのやりとりは，まったくバランスしていないことがわかる．すなわち，陸域と海域における年間の脱窒量の総和は 83×10^6 t と推定されるが，一方で，窒素固定量は 124×10^6 t（植物によるものが 44×10^6 t，工業的な固定が 80×10^6 t）となり，全体として毎年約 40×10^6 t もの窒素が，過剰に陸水域に取り込まれていることになる．

4.1.3　日本の窒素収支

日本の窒素収支についても，さまざまな試算が行われているが，1970 年と

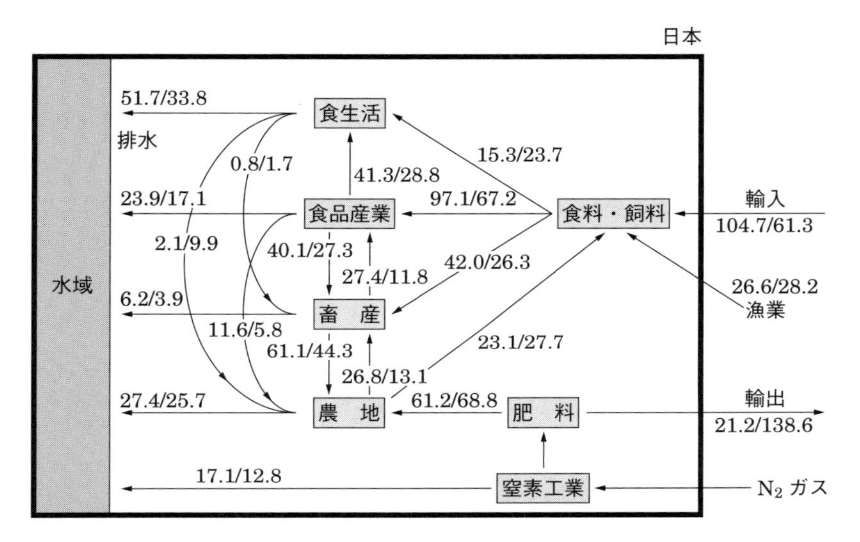

図4・5　食物にかかわる日本の窒素循環の概要（1990年/1970年の値　単位：10^4 tN/年）
（Ukita, M. and Nakanishi, H.：Pollutant load analysis for the environmental management of enclosed sea in Japan, Proceedings of MEDCOAST 99 and EMECS 99 Joint Conference, 1999）を一部簡略化して作成

1990年を比較した計算例を**図4・5**に示す．この図では，1990年の主な窒素のインプットは，食品の輸入（104.7万t），漁業（26.6万t），それに施肥（61.2万t）の合計192万tである．食品と漁業は海外から運ばれたものであり，施肥窒素は大気中の窒素ガスを固定したものである．これに対して水域へのアウトプットは，私たちの食生活（51.7万t），食品産業（23.9万t），畜産（6.2万t），それに農地からの流出（27.4万t）で，合計109万tである．これはインプットの約57%に相当しているが，1970年の同様の計算による約51%よりもやや増加したことになる．

1970年～1990年までの20年間に，インプットの量は1.22倍に増加しているが，その主な要因は食品の輸入（61.3万tから104.7万tに増加）にある．施肥による窒素のインプットは，68.8万tから61.2万tへ約1割減少しているが，これは農地の減少などの影響を受けていると思われる．一方，アウトプットは，この20年間に1.36倍に増加している．その要因は，食生活（33.8万tから51.7万tに増加），食品産業（17.1万tから23.9万tに増加），畜産（3.9万tから6.2万tに増加）である．農地はインプットが減少しているにもかかわらず，アウトプットは25.7万tから27.4万tへとわずかに増加している．

以上のように概観すると，日本における窒素のインプットは増加傾向にあるが，それに伴う水域へのアウトプットも，インプット以上の増加が見られることがわかる．水域に放出された窒素は，自然の浄化機能によって脱窒されたり生物に利用されたりするが，こうした環境容量を超過した部分は，水質汚濁の原因となる．

4.2 リンの循環

4.2.1 化学形態のサイクル

図4・6にリンの化学形態のサイクルを示す．リンの化学形態のサイクルは，実際にはこの図よりもかなり複雑であるが，大まかにみると無機態のリンと有機態のリンとの間の形態変化として理解することができる．無機態のリンは，リン酸イオン（PO_4^{3-}）や，鉄（Fe），アルミニウム（Al），カルシウム（Ca）などと結合した金属塩などであり，有機態のリンは，土壌中のリンや生物体内でのリ

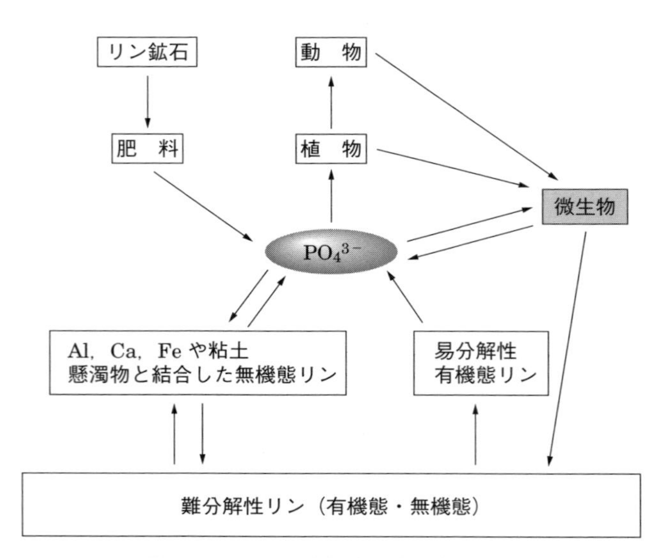

図4・6　リンの形態別の循環（概念図）

ンである．そして，PO_4^{3-}がこれらの仲立ちをしていると理解できる．

リンは，PO_4^{3-}イオンの状態では動きやすい性質をもっているが，上述の金属化合物と結合すると，次第に難分解性（あるいは難溶性）になる性質がある．

4.2.2 地球規模のリン循環

図4・7に地球規模でのリンの循環を示す．リンの循環は，水域に流出したものの一部が陸域に移行する過程をいい，海洋との関連が深い．岩石の風化や農地からの肥料成分の流出などによって河川水とともに海域に流出したリン酸は，海洋表層の食物連鎖に取り込まれ，貴重な栄養源になる．表層の生物の死骸は深海に沈降するが，深海の生物によって再び分解されるため，深海のリン濃度は，表層よりもかなり高い．海洋の深層水は，北大西洋→南大西洋→南極海→インド洋→太平洋への，2000年もの時間を要するゆっくりとした流れがあり，その間に

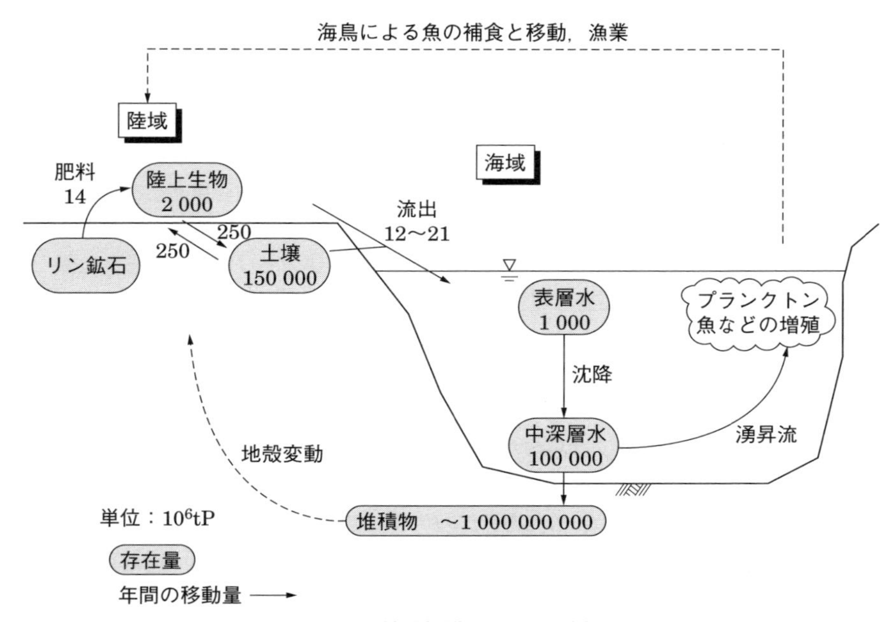

図4・7　地球規模でのリンの循環

（角皆静男：炭素などの物質循環と大気環境，科学，59，1989．および，Cordell, D., Drangert, J. O. and White, S.：The story of phosphorus：Global food security and food for thought, Global Environmental Change 19, 2009）より作図

リン化合物の沈降や分解もあるので，しだいにリン酸濃度が上昇することになる．海洋には表層の海流や地形によって，深海の水が表層へ上昇する（湧昇流という）箇所がいくつかあるが，このような場所では高濃度のリン酸が表層にもたらされ，植物プランクトンに利用されることになる．

こうした海洋のリンが再び陸域へ移行する過程は，窒素のようなガス態への形態変化はなく，主に生物の捕食と移動に依存している．すなわち，水鳥が魚を捕食して陸域でフンをするとか，サケ，マスなどの魚が河川を遡上するといった過程，あるいは，漁業による魚の水揚げである．また，長い年月の間に地殻の変動によって海底が陸地になるということもあるが，ここでは考えないことにする．このようなことから，リンについては，海域から陸域への循環経路はきわめて限定的であり，循環しにくい物質であるといえる．近年は，人間活動による陸域から水域へのリンの移動のみが加速され，その結果，閉鎖性水域などでは富栄養化の問題が深刻化している．

COLUMN　海鳥が活躍するリンの循環

南米ペルーの湧昇流に恵まれた太平洋岸では，海鳥が集まる大規模な集団営巣地が形成され，海域から陸域へのリンの循環過程の典型例を見ることができる．

ここに集まるグアナイヒメウ（鵜のなかま）やカツオドリなどが捕らえた魚は，陸のヒナの待つ巣に持ち帰られ，そこでは大量のフンが堆積する．このフンは魚の骨に含まれているリン酸（リン酸カルシウム）や窒素（尿素やアンモニア）に富んでいるので，海鳥のフンが堆積した土はグアノ（guano）と呼ばれる天然の肥料になる．ペルーの人々は古くから今日まで，このグアノを肥料として使用し，グアノは高度な農耕技術を有していたインカ帝国の繁栄にも貢献したといわれている．ペルーのグアノは1802年にドイツのアレキサンダー・フォン・フンボルトの赤道アメリカ探検の途上に見いだされ，19世紀には主要な輸出品となった．こうした海鳥によるグアノは，ペルー以外でも見ることができるが，人間が採集し続けると，海鳥は営巣地を放棄してしまう．ペルーでは現在，グアノを採集した後は数年間，コロニーへの人間の立ち入りを制限し，武装した警備員が厳重に海鳥保護区を守っている所もある．

4.2.3 日本のリン収支

日本のリン収支について，図4・5と同様に計算された結果を**図4・8**に示す．1990年の主なリンのインプットは，食品の輸入（27万t），漁業（2.4万t），それに肥料（30.1万t）の合計59.5万tである．窒素の場合，肥料中のものの由来は窒素ガスであったが，リンの場合は原料はすべて海外からの輸入によるものである．これに対して水域へのアウトプットは，食生活（5.6万t），食品産業（3.5万t），畜産（1.6万t），それに農地からの流出（1万t）で合計11.7万tである．これはインプットの約20%に相当しているが，1970年の同様の計算は約17%となり，やや増加したことになる．

1970～1990年までの20年間に，インプットの量は1.48倍に増加しているが，その主な要因は，食品の輸入（9.2万tから27万tに増加）にあり，施肥によるものもやや増加している．一方，アウトプットは，この20年間に1.66倍に増加しており，なかでも食品産業（1.2万tから3.5万tに増加）によるものが大きい．

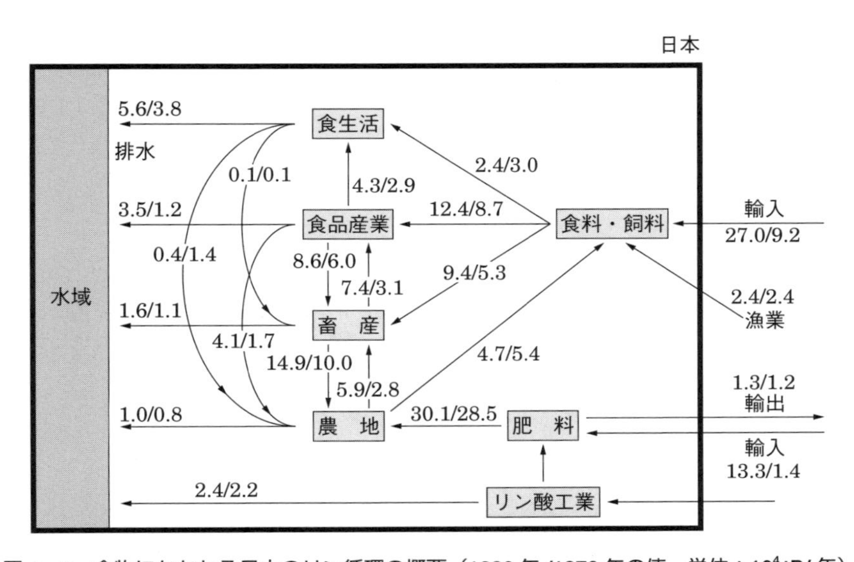

図4・8　食物にかかわる日本のリン循環の概要（1990年/1970年の値　単位：10^4 tP/年）

（Ukita, M. and Nakanishi, H.：Pollutant load analysis for the environmental management of enclosed sea in Japan, Proceedings of MEDCOAST 99 and EMECS 99 Joint Conference, 1999）を一部簡略化して作成

以上のように概観すると，日本におけるリン収支は，窒素と同様にインプットとアウトプットの両方で増加が見られ，やはりアウトプットの増加割合の方が大きい．リンの場合は水域に放出されても，鉄，アルミニウム，それにカルシウムなどの金属化合物と沈殿するものが多いが，還元的な環境下では，「2.3.5　電位-pHダイヤグラム」や「3.6.2　リン」で述べたように，沈殿していたリン酸が溶出することになる．

4.2.4　リン鉱石

リンは地球上でどこでも存在する元素であるが，資源として利用するだけの大量の集積地（リン鉱石の鉱脈）は，きわめて限られている．残念ながら，日本には有望なリン鉱石の鉱脈はないので，リン資源のすべてを輸入に頼っている．世界の中で資源として利用できるリン鉱石が採掘されるのは，モロッコ，中国，南アフリカ，アメリカなどの少数の国に限られている．採掘されたリン鉱石の8～9割は肥料として農業利用されているが，**図4・9**に，世界のリン鉱石の生産量と価格（1998年の米国ドルに換算したときの米国内での価格）の推移を示す．リン鉱石の生産量は，図4・3に示した工業的窒素固定と同様に，1960年頃からその増加速度を増しているが，2010年以降はさらに増加している．また，その

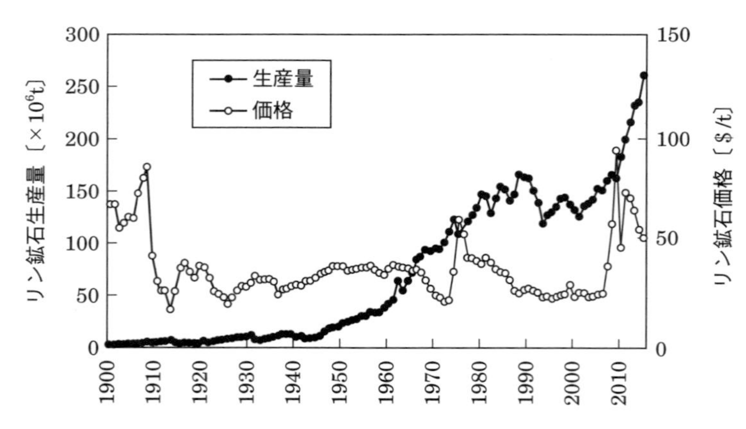

図4・9　世界のリン鉱石の生産量と価格の推移（価格は1998年のUSドルに換算したときの米国内での価格）

（United States Geological Survey：Historical statistics for mineral and material commodities in the United States, 2022）より作図

価格は，その時々の世界情勢などを反映しているが，2008年の急上昇は，バイオエタノールの原料になる穀物価格の高騰などに起因した混乱によるものである．

世界のリン鉱石の埋蔵量は，約170億tといわれ，現在のような人口増加と各国のリン肥料投入量の増加を考えると，50～100年でリン資源が枯渇するであろうとの見方もある（第1版刊行の2010年当時）．そのため，アメリカはリン鉱石を戦略物資として輸出を停止し，中国も輸出を制限している．したがって，環境中や下水道汚泥中のリンを回収し，再資源化することが重要である．

4.2.5　水田とリンの循環

リンは，前述のようにきわめて循環しにくい元素であるが，水田の循環灌漑とリン資源の循環が結びついた地域もある（**図4・10**）．なお，循環灌漑とは，水田から流れ出した排水を再び同じ流域の水田に灌漑する形態で表7・9の面源対策の一つでもある．このような水田地域において，水収支と物質収支を調べると，水田流域は年間で1.15 kg/haのリンを吸収浄化しており，排水路では下流に流れていくうちにリンの濃度がだんだんと低下していた．これには水路の底にあるリン吸着能に富む酸化鉄（鉄バクテリア集積物）が作用しており，これをある種

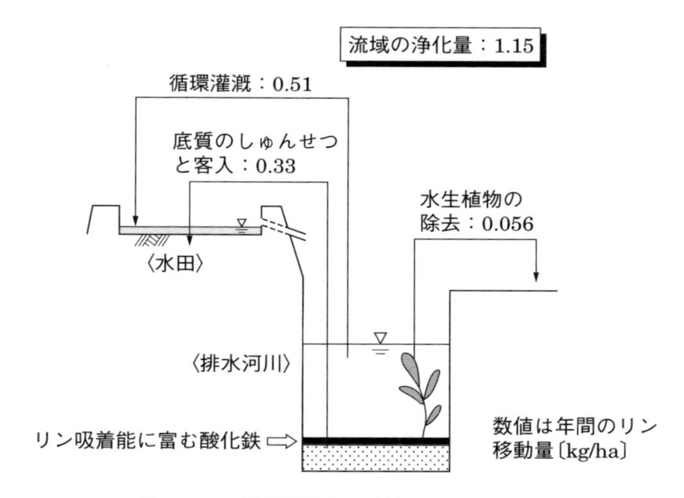

図4・10　循環灌漑水田流域でのリンの循環
（武田育郎：斐伊川下流地域の水とリン資源の循環，農業土木学会誌，68（3），2000）を一部改変

の木質バイオマスを用いて集めると，水中に拡散したリンを約7 200倍に濃縮（表3・1にあるppmでの計算）することが可能で，前処理や抽出などの工程なしで肥料として利用できることなどがわかっている．

4.3 炭素の循環

4.3.1 化学形態の変化

炭素については，化学形態の変化は種々雑多であるので，酸化数に着目して整理した方が考えやすい（**表4・1**）．炭素が最も酸化された状態は，気体の二酸化炭素（CO_2）であり，酸化数は［+4］である．また，最も還元された状態は，やはり気体のメタン（CH_4）であり，酸化数は［−4］となる．CH_2Oと単純化した場合の有機物中の酸化数は，これらの中間の［0］であり，その置かれた環境によって，CO_2にもCH_4にもなりうることになる．

表4・1　炭素の酸化数の変化

変化項目	炭素の酸化数	化学式	名称
酸化	+4	CO_2	二酸化炭素
↑	+3	$(COOH)_2$	オキザロ酸
	+2	HCOOH	ギ酸
	+1	$(CH_2)_2COH(COOH)_3$	クエン酸
●	0	CH_2O	有機物
	−1	C_6H_6	ベンゼン
	−2	C_2H_5OH	エタノール
↓	−3	C_2H_6	エタン
還元	−4	CH_4	メタン

有機物をCH_2Oと単純化した

4.3.2 地球規模での炭素の循環

地球規模での炭素の循環を**図4・11**に示す．炭素は，海域の表層水には1 040×10^9 tが存在しているが，表層生物中の存在量は2×10^9 tときわめて少ない．これは，表層生物の一次生産と呼吸分解の速度が，かなり速いことを意味している．また，リンと同様，海洋の下層水の炭素濃度は，表層に比べてかなり高いことがわかる．

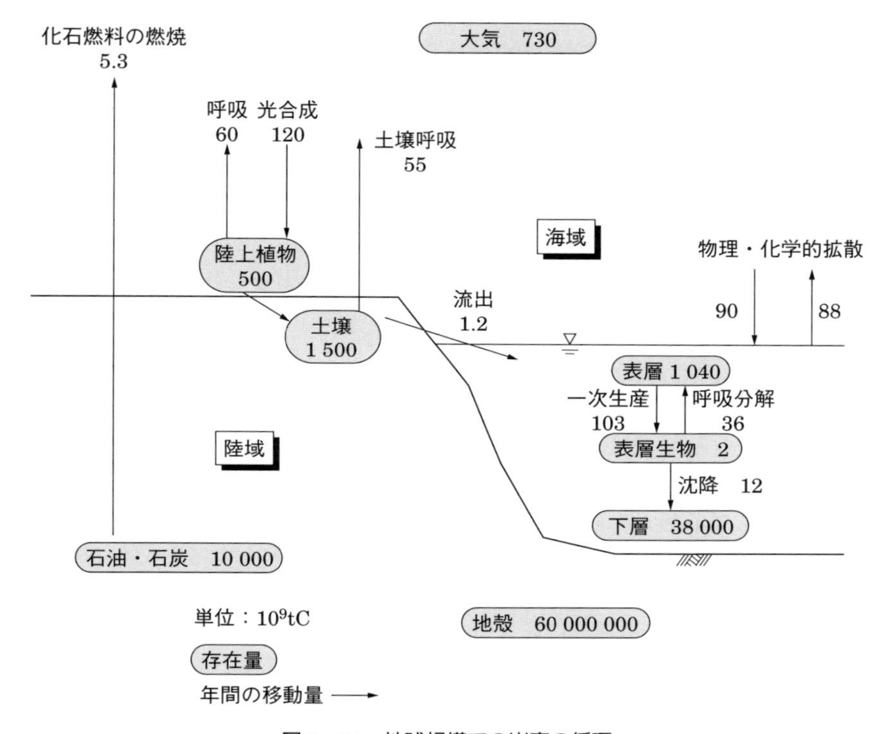

図 4・11 地球規模での炭素の循環

（IPCC：Climate change 2001：Scientific Basis, 2001 および，Mackenzie, C. and Lerman, A.：The carbon cycle in the anthropocene, Springer, 2006）より作図

ここで，大気と陸域との炭素のやりとりを考えると，陸域では，光合成による炭素量が呼吸と土壌呼吸による炭素量とほぼ釣り合っており，また，海域でも物理・化学的拡散がほぼ釣り合っている．陸域から海域へ流れ出す炭素量は，毎年 1.2×10^9 t と推定されているが，化石燃料の燃焼で大気中に放出される炭素量はこれよりもかなり多い 5.3×10^9 t である．大気中の炭素の存在量は，730×10^9 t と推定されているが，近年は特に，この化石燃料の燃焼によって，大気と陸水域で保たれていた炭素のバランスが崩されているのではないかと懸念されている．

演習問題

問1　生物的窒素固定の効果が十分に発揮されると，農地土壌の肥沃度が向上する．このことを利用して，具体的にはどのようなことが行われているか．

問2　リン肥料の原料となるリン鉱石とは，どのようにしてできたものか．

問3　図4・5と図4・8は，1970年と1990年における我が国の窒素とリンの物質フローを示している．これらについて，最近の物質フローを，書籍やインターネットで調べてみよう．

5章
水環境に関する法的規制

5.1　国際間の取決め
5.2　国内の取決め
5.3　日本の環境に関する法的規制
5.4　環境基本法
5.5　環境基準と水質基準
5.6　事業場排水対策（水質汚濁防止法）
5.7　土壌汚染対策法
5.8　湖沼の水質保全対策（湖沼法）
5.9　瀬戸内海の水質保全対策
5.10　水質総量規制
5.11　環境影響評価（環境アセスメント）
5.12　その他の水環境に関連した法規制

本章では，水環境に関する法的規制について概観することにする．まず，**表5・1**に法的規制を含めた，一般的な社会的取決めを示す．

表5・1　社会的な取決めの概要

国際間の取決め	国内での取決め	
	項　　目	制定主体
条　約 議定書 協　定 宣　言	法律 命令 （政令，総理府令，省令，告示，通達） 閣議決定 条例 協定	国会 行政機関 内閣 地方自治体 当事者間

5.1 国際間の取決め

近年の地球環境問題の多くは，国境を越えて影響を及ぼす性質をもっていたり，国家間の協調が重要であるため，それぞれの国の利害の調整を行うことが重要となっている．こうした問題の解決方法の一つとして，国家間で締結されるさまざまな取決めがある．これらは広義には条約であるが，実際には次のような使い分けがなされている．

5.1.1 条　約

国家間の取決めの最上位に位置するものが条約である．条約は，締結権を有する相互の機関の間で交わされ，日本で条約の締結権を有するのは内閣である．また，日本では締結には国会の承認が必要である．条約は，国際間の規律として締結国を拘束するものであり，国内法に優先している．そして，条約の締結に伴う義務の履行のために，国内法が整備されることが多い．

5.1.2 議定書

議定書は，条約を修正したり具体的な事項を補足するものとして用いられる．最近の地球環境に関する条約では，具体的な規定は詳しく定めず，条約が成立した後，議定書でこれらを定めようとすることが多い．これは，科学的な知見が十分でない場合が多く，科学の進歩に応じて各国の権利義務や規制などを具体的に定めようとするもので，条約の締結をしやすくするというねらいがある．

一例として，1章で述べた1992年の地球サミットで締結された「気候変動枠組条約」の具体的な事項を定める「京都議定書（1997年12月）」がある．

5.1.3 協　定

協定は，比較的専門的な内容のものであったり，条約に比べると必ずしも重要でない取決めに用いられる．協定には，国会の承認が必要でない行政協定（2国間の貿易協定など）と，国会の承認が必要なものがある．

5.1.4 宣　言

宣言は，一定の原則を表明した文書や署名国の共通の誓約を表明したもので，一例として1992年の地球サミットで採択された「リオ宣言（環境と開発に関するリオ・デ・ジャネイロ宣言）」がある．

5.2 国内の取決め

国内での取決めは，以下のように，国が定める法律や命令，地方自治体が定める条例，それに地方自治体と事業場などの間で定められる協定がある．

5.2.1 法　律

法律は，国会の議決により定められるもので，憲法と条約に次ぐ効力をもっている．法律には基本法と個別法がある．基本法は，各行政分野の施策の基本的な方向性を示すもので，プログラム規定とも呼ばれている．

5.2.2 命　令

命令は，国会の議決を経ず，行政機関により出されるもので，法律の解釈や具体的な運用を定めたものが多い．命令には，政令（内閣の命令），総理府令（総理大臣），省令，告示，通達などがある．

たとえば，付表1，付表2の環境基準は「環境庁告示」，付表3の水道水の水質基準は「厚生省令」，それに，付表4の排水基準は「総理府令」である．

5.2.3　閣議決定

閣議決定は内閣の権限事項を閣議で決めることであり，国民に対する一種の約束事である．例として「5.11　環境影響評価（環境アセスメント）」で述べる「環境影響評価の実施について（1984年）」がある．

5.2.4　条　例

条例は地方自治体の議決を経て制定されるもので，全国一律に適用される法律（ナショナル・ミニマム）では不十分である場合などに，一定の範囲内で定められる．水質汚濁関連では，後述する「上乗せ条例」や「横だし条例」などがある．

5.2.5　協　定

協定は，二つ以上の当事者の合意の総称であり，「覚書」，「念書」，「協議書」などの名称が使われることもある．

5.3　日本の環境に関する法的規制

5.3.1　水質二法と調和条項

環境に関する法律は，必ずしも理想的なものが定められているわけではなく，常にその時代の社会状況を反映したものとなっている．また，法律では想定していない事態が発生し，その対策として「後追い」的に定められたものが多いのが実状である．

日本での最初の本格的な環境法規は，1958年に制定された水質保全法と工場排水規制法（いわゆる「水質二法」）である．これらには「調和条項」と呼ばれる規定が含まれており，このことが，今日の規制とはやや異なるものにしていた．「調和条項」とは，「人の健康は絶対的に保護されなければならないが，生活環境の保全は，経済発展と調和する範囲で進める」という主旨であり，これは，1968年に制定された公害対策基本法にも受け継がれていた．このことは，生活環境を多少犠牲にしても，経済発展を優先させるという政策判断であり，当時の高度経済成長の社会情勢を反映したものということができる．

水質二法による規制は，現在の規制と比較すると，かなり緩やかなものであった．まず第一に，規制は，全国一律に適用されるものではなく，「指定水域」についてのみ行われ，水域の指定も慎重でかなり長い期間が必要であった．また，工場などからの排水基準は，従来の水質を追認するような緩やかなものもあった．1960年代後半になると，経済発展の陰で，四大公害病（熊本水俣病，新潟水俣病，イタイイタイ病，四日市ぜん息）に代表される公害問題が深刻さを増し，これまでの政策の転換を求められるようになった．そして，1970年のいわゆる「公害国会」において前述の「調和条項」が削除され，「生活環境を犠牲にしてまで経済発展を求めない」という方針が明確にされた．また，水質二法にかわり水質汚濁防止法が制定され，規制が全国の水域に適用されるようになった．

なお，「調和条項」にある「人の健康は絶対的に保護」とは，危険性の確率（リスク）がゼロを意味しているように思われるが，「1.5　安全からリスクの時代へ」で述べたように，微量汚染物質の影響が懸念される今日にあっては，リスク＝ゼロという概念は非現実的であると認識されている．

5.3.2　今日の環境法の体系

今日の環境に関する法体系を**図5・1**に示す．法体系の中での最上位は憲法であるが，その下に環境基本法があり，またその下に個別の法律が制定されるとい

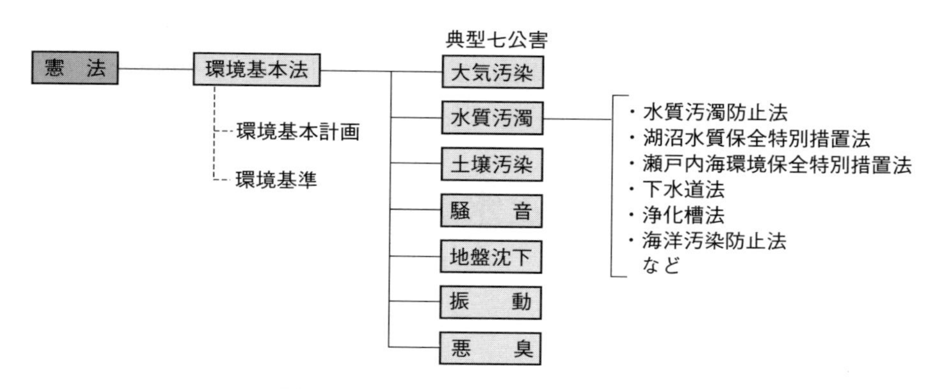

図5・1　日本の環境に関する法律の体系

う構造になっている．環境基本法では，公害を，大気汚染，水質汚濁，土壌汚染，騒音，地盤沈下，振動，悪臭の七種類と定めており（いわゆる「典型七公害」），しばしば問題となる廃棄物や放射能，それに日照阻害などは公害に含まれないことになっている．

5.4　環境基本法

環境法の最上位にある環境基本法は，「1.4　地球環境時代の幕開け」で述べた1992年の「地球サミット」を受けて，1993年に，これまでの公害対策基本法にかわって制定された．環境基本法では，広く環境保全にかかわる基本的な理念や方針を示しており，具体的な規制などは，その下に位置するさまざまな個別法などによって定められることとなっている．

環境基本法の基本理念は，環境の恵沢の享受と継承，環境への負荷の少ない持続的発展が可能な社会の構築，国際協調による地球環境保全の積極的推進である．また，基本的な施策としては，環境基本計画を定めること（1994年閣議決定），有害物質および水域の環境基準（付表1，付表2）の制定とそのための施策の推進，公害防止計画の作成と推進，環境影響評価（環境アセスメント）の推進（1997年に法律制定）などがあげられている．

1967年に制定された公害対策基本法との大きな相違点は，公害対策基本法では，比較的限定される工場や事業場などの規制に主眼が置かれていたが，環境基本法では，広く生活型公害や地球環境保全に対処しようとする点にある．言い換えると，これまでの問題対処型，規制的手法から，社会経済活動や国民のライフスタイルの見直しをも考えた，低負荷の持続的発展をめざすものとなっている．

5.5　環境基準と水質基準

5.5.1　環境基準

環境基準とは，人の健康の保護や生活環境の保全を考えるうえでの「維持されることが望ましい基準」であり，行政上の政策目標である．環境基準には，大気，水，土壌，騒音に関するものがあり，これらは環境基本法の第16条に基づいて定められている．環境基準は，人の健康を維持するための最低限のレベルであるばかりでなく，今後の汚染が進行しないように，より積極的に維持されることが望ましい目標値として設定されるものである．また，環境基準は現有の科学的知見を基礎として定められているので，新しい知見が得られた場合や汚染の状況が変化した場合には，随時変更されるので，最新のものは関連 Web サイトなどで確認する必要がある．

5.5.2　公共用水域の水質汚濁にかかわる環境基準

(1) 環境基準の設定

公共用水域の水質汚濁に係る環境基準には，「人の健康の保護に関する環境基準（健康項目）」と「生活環境の保全に関する環境基準（生活環境項目）」の 2 種類がある．

なお，「公共用水域」とは，「5.6　事業場排水対策（水質汚濁防止法）」で述べる水質汚濁防止法において，「河川，湖沼，港湾，沿岸海域その他公共の用に供される水域及びこれに接続する公共溝渠，かんがい用水路その他公共の用に供される水路」と定義されており，終末処理場を設置している公共下水道や流域下水道は含まれない．また，地下水も公共用水域には含まれない．

付表 1 に，「人の健康の保護に関する環境基準（健康項目）」を示した．これらはすべての公共用水域について一律に適用され，設定後直ちに達成維持されるものとされている．健康項目は，1993 年に 15 項目が追加され，23 項目に増加した．また，1999 年にはホウ素，フッ素，硝酸態窒素および亜硝酸態窒素の 3 項目が，2019 年には 1, 4-ジオキサンが追加された．さらに基準値の変更も随時なされており，たとえば「1.5　安全からリスクの時代へ」で述べた耐容一日摂取量（TDI）の評価を踏まえ，2022 年には六価クロムが 0.05 mg/L から 0.02 mg/L に強化されるなどしている．

また，1993 年には，人の健康の保護に関連する物質ではあるが，検出レベルが低いので引き続き知見の集積を継続することが必要とされる「要監視項目」25 項目が新たに設けられた．さらに，1998 年には，「水環境保全に向けた取り組みのための要調査項目」の 300 項目が，環境省（当時は環境庁）より発表された．これらの詳細は随時変更されるが，たとえば 2020 年には，ペルフルオロオクタンスルホン酸（PFOS）とペルフルオロオクタン酸（PFOA）といった有機フッ素化合物（PFAS はその総称）が「要監視項目」に追加された．

一方，付表2に「生活環境の保全に関する環境基準（生活環境項目）」を示した．生活環境項目は，利水の用途（水道，水産，工業用水）に応じて，河川，湖沼，海域の個別水域に類型をわりあて，その基準を満たすような対策を講じるべきものとして定められている．また，生活環境項目は，直ちに達成が困難な場合には5年以内に達成されることを目標としている．生活環境項目は，淡水域では，pH，有機物質，浮遊物質（SS），溶存酸素（DO），大腸菌数について定められ，海域では油汚濁の観点から浮遊物質のかわりにノルマルヘキサン抽出物質が定められている．

また，窒素とリンについては，富栄養化を防止する観点から湖沼と海域に設定されている．ここで注意すべき点は，有機物汚濁の指標は，河川では BOD であるが，湖沼と海域では COD である点である．これは，湖沼や海洋では藻類の影響があるので，BOD の測定値が有機物汚濁の指標になりにくいことに理由がある．

さらに，2003 年にはこれらの基準に「水生生物の生息状況の適応性」として全亜鉛が追加され（その後 2012 年にノニルフェノール，2013 年に直鎖アルキルベンゼンスルホン酸およびその塩が追加され），また 2016 年には「水生生物が生息・再生産する場の適応性」として底層溶存酸素量が追加された．

(2) 環境基準と実際の水質

水質環境基準は行政上の政策目標であり，それ自体に法的拘束力や達成されない場合の罰則規定があるわけではない．これらの基準の達成状況は毎年，環境省から「環境・循環型社会・生物多様性白書（旧・環境白書）」などで公表されているので容易に最新のものを見ることができる．一例として，**図5・2**に有機物汚濁（河川は BOD，湖沼と海洋は COD）に関する環境基準の達成率の推移を示した．最近の河川や全体の達成率は 90％前後であるが，湖沼の達成率は 50～60％程度と低い．また，湖沼の窒素とリンに関する環境基準の達成状況（**図5・3**）では，リンの達成率は 50％程度であるが，窒素の達成率は 10～15％前後とかなり低いことがわかる．

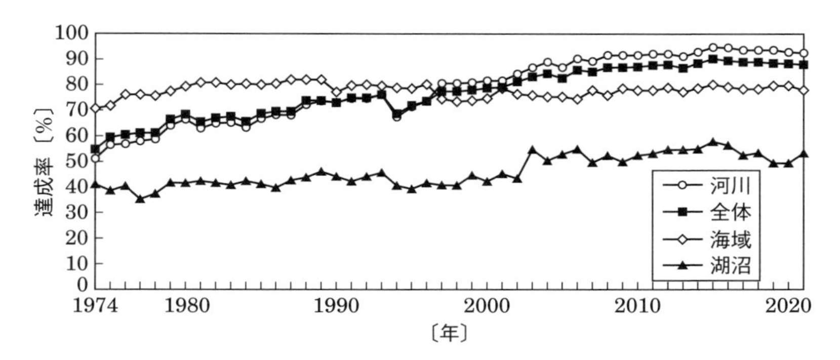

図 5・2　環境基準の達成率の推移（BOD または COD）
（環境省：令和 5 年版　環境・循環型社会・生物多様性白書，2023）

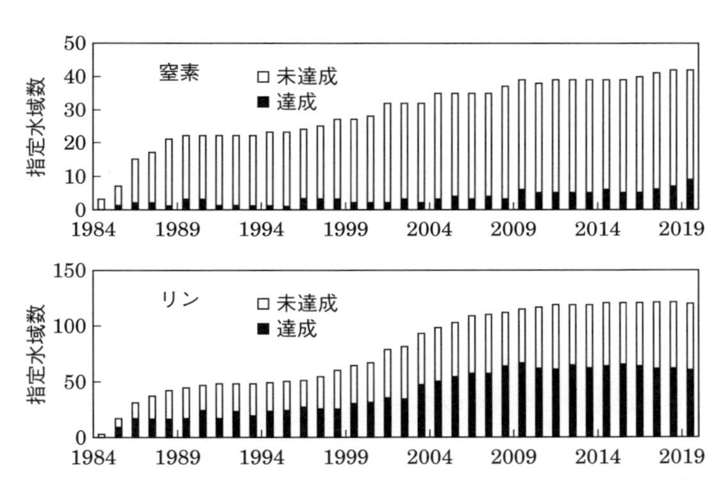

図 5・3　湖沼における窒素とリンの環境基準の達成率の推移
（環境省：環境統計集，2021）より作図

5.5.3　地下水の環境基準

前項で述べたように，地下水は公共用水域に含まれておらず，また，最近は地下水の汚染が多くの場所で報告されるようになったことから，1997 年に，地下水の水質汚濁にかかわる環境基準が定められた．これらは，公共用水域にかかる「健康項目」の基準と同一項目，同一基準である．また，これらは設定後直ちに達成維持されるものとされているが，汚濁の原因が地下の自然的要因によること

が明らかな場合は除かれている．

そして多くの基準項目では，定められた基準値を超過するものはきわめて少ないものの，いくつかの項目では，常に基準値を超過するものがみられている．**図5・4**に，こうした物質に関する環境基準を超過する井戸の本数の推移を示すが，必ずしも明確な改善がみられていないことがわかる．

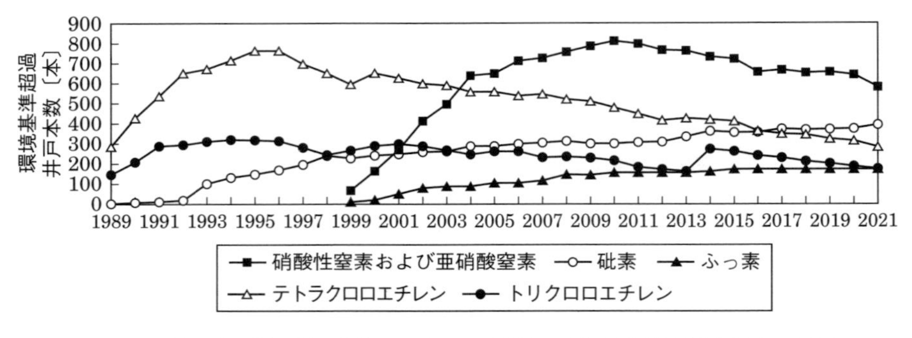

図5・4　地下水汚濁に係る定期モニタリング調査における環境基準超過率の推移
（環境省：令和5年版　環境・循環型社会・生物多様性白書，2023）

5.5.4　水道水の水質基準

日本の水道水は，25.4％が河川水（自流），47.9％がダム水，19.1％が井戸水，1.4％が湖沼水を利用している．したがって，前項で示した公共用水域や地下水の水質は，毎日飲用する水道水の水質にも大きく影響することになる．

付表3に水道水の水質基準を示す．水道水の水質基準は，1992年以前は25項目であったが，1992年にトリハロメタン（「1.3.3（4）消毒副生成物」参照）や有機塩素系化合物（「1.3.3（3）有機塩素系化合物」参照）などの大幅な追加がなされた．また，水質基準を補完する項目として，「快適水質項目（13項目）」と「監視項目（26項目）」も定められた．

さらに，2004年にも大幅な改正が行われ，CODにかわってTOCが有機物汚濁の項目となり，また，大腸菌群数が大腸菌数に変更された．さらに，浄水過程での消毒副生成物として，これまでのトリハロメタンに加えてハロ酢酸（クロロ酢酸，ジクロロ酢酸，トリクロロ酢酸；図1・10参照），臭素酸イオン，ホルムアルデヒドなどが追加された．そして，水質基準を補完する項目として，水質管理目標設定項目（28 項目 129 物質）と要検討項目（44 項目）が設けられた．その後，2008 年には塩素酸（水道用消毒剤として広く用いられている次亜塩素酸ナトリウムが，浄水場で保管中に劣化して生成する分解産物）が，水質管理目標設定項目から水質基準に格上げされた．また，2014 年には亜硝酸態窒素が追加されるなどした．このように，水道水の水質基準は環境基準（付表 1，付表 2）とともに，対象となる化学物質が増加する傾向にあるが，これは機器の進歩によって測定できる物質が増えたことのほか，豊かで便利な私たちの生活の結果でもある．

表 5・2 に，水道水の消毒副生成物の検出状況（検出値の基準値に対する割合）を示す．これをみると，浄水場でのこれらの検出値は，水質基準と比べると低レベルであるものが多いものの，なかには基準値に近いか超過している所もあることがわかる．したがって，今後もこれらの物質についての監視が重要であるとされている．

表 5・2　浄水場での消毒副生成物の検出状況

項　目	水質基準値〔mg/l〕	測定地点数	検出値の基準値に対する割合				
			0.1 以下	0.1～0.5	0.5～0.7	0.7～1	1 超過
			地点〔%〕	地点〔%〕	地点〔%〕	地点〔%〕	地点〔%〕
クロロホルム	0.06	5510	66.30	30.78	2.40	0.49	0.04
ジブロモクロロメタン	0.1	5509	94.25	5.64	0.09	0.00	0.00
ブロモジクロロメタン	0.03	5510	62.07	34.17	3.52	0.22	0.02
ブロモホルム	0.09	5512	97.80	2.16	0.04	0.04	0.00
総トリハロメタン	0.1	5510	59.62	36.68	3.25	0.44	0.02
クロロ酢酸	0.02	380	6.62	0.27	0.00	0.00	0.00
ジクロロ酢酸	0.04	1121	14.94	5.17	0.24（0.5 倍以上の検出数）		
トリクロロ酢酸	0.2	1121	20.20	0.15	0.00	0.00	0.00
ホルムアルデヒド	0.08	1104	18.98	1.02	0.02	0.00	0.02
臭素酸イオン	0.01	87	0.89	0.53	0.11	0.02	0.04

（伊藤禎彦，越後信哉：水の消毒副生成物，技報堂出版，2008）より作成

5.6 事業場排水対策（水質汚濁防止法）

水質にかかわる法律の最も代表的なものに水質汚濁防止法がある．水質汚濁防止法では，工場・事業場から公共用水域に排出される水（排出水）と，地下に浸透する水（特定地下浸透水）の規制，それに生活排水対策の推進を定めている．

水質汚濁防止法では，有害物質や有機汚濁物質等を含む汚水または廃液の発生する施設を「特定施設」として定め，特定施設を設置する工場・事業場を「特定事業場」と呼んでいる．なお，「特定施設」とは，製造業，鉱業のほか，第3次産業関係業種（クリーニング業，写真現像業，自動車洗浄業など）まで広範囲に指定されている．また，公共下水道や流域下水道の終末処理場，それに汚水の共同処理場も指定されている．

特定事業場から公共用水域に排出される水は，総理府令である「一般排水基準（付表4)」によって，全国一律で規制される．なお，「一般排水基準」は2019年に「一律排水基準」から名称変更されたものである．一般排水基準のうち，有害物質（以前の健康項目）はすべての特定事業場に適用される．これらの基準値の多くは，公共用水域にかかわる環境基準の中の健康項目（付表1）の10倍となっており，公共用水域に放流された後は10倍程度に希釈されることを想定している．

一方，その他の項目（以前の生活環境項目）については，排水量が50 m^3/d以上の特定事業場について適用される．また，窒素含有量とリン含有量は，植物プランクトンの著しい増殖が懸念される湖沼と海域について適用される．ここに定められた窒素とリンの濃度レベルは，数字的には後述する表6・2の生活排水の濃度レベルと同じくらいのものもあることがわかる．

こうした一般排水基準は，全国一律に適用される基準であり，これらの基準値では不十分な場合には，都道府県が別途条例を設けてさらに厳しい基準を設けることができる．実際に，以下のような措置がなされている．すなわち，①「上乗せ」：排水基準の水質を厳しくすること，②「すそ下げ」：50 m^3/d未満の事業場にも生活環境項目を適用すること，「横出し」：規制項目を拡大すること，などである．

後述する湖沼法との関連などで定められた窒素とリンの上乗せ排水基準を，**表5・3**に示す．窒素の排水基準は10～20 mg/L，リンは1～5 mg/L程度（実際には，適用される規制値は事業場の規模や種類によってかなりの幅がある）であり，下水道などでの高度処理（三次処理）の目標値（T－N＝10 mg/L，T－P＝1 mg/L）と同程度の水質となっている．

表5・3 都道府県条例による窒素・リンにかかわる上乗せ条例で規定される排水基準の例〔mg/*l*〕

都道府県	N	P	水質保全上重要な水域
茨城県	15	2	霞ヶ浦
栃木県	10	1	湯ノ湖，中禅寺湖
千葉県	20	2	常陸利根川，印旛沼，手賀沼
滋賀県	20	5	琵琶湖
鳥取県	15	1	中海，美保湾，湖山池
島根県	15	1	中海，宍道湖，神西湖
岡山県	10	1	児島湖

〔注〕実際に適用される規制値は事業場の規模や種類によってかなりの幅がある

5.7 土壌汚染対策法

人間活動に起因する土壌汚染への規制としては，2002年公布（2003年施行）の土壌汚染対策法がある．この法律は，水質汚濁防止法に定める特定施設が設置されている工場・事業場が対象であり，有害物質（重金属，揮発性有機化合物，農薬など25種類）による土壌からヒトへの直接的な健康被害を防止することが目的とされている．そして，施設の使用が廃止された場合や土壌汚染による健康被害が生じるおそれがある場合に，土地所有者に土壌汚染調査を実施させたり，対策措置（立入禁止，盛土，汚染の除去など）を行わせることができる．また，この法律が契機となり，多くの場所において，土壌汚染調査や対策が行われるようになった．しかし，法律によらない自主的な調査が増加したことや，対策として掘削除去された搬出汚染土壌の不適正な処理の問題が顕在化したことなどから，本法律は2009年に一部が改正された．

なお，この法律は，上述のように土壌からヒトへの直接的な健康被害が対象であり，土壌からヒトへの間接的な健康被害（たとえば，土壌汚染に起因する農産物や畜産物を食することによる被害）や，ヒト以外の生態系などへの影響については対象としていない．

また，土壌汚染対策法とよく似た名前の法律に，土壌汚染防止法（農用地の土壌の汚染防止等に関する法律，1970年）がある．この法律は，農用地が対象であり，農用地土壌の汚染によって人の健康を損なうおそれのある農畜産物が生産されたり，生育が阻害されたりすることの防止が主たる目的である．現在のところ，カドミウム，銅，鉛が対象物質であり，都道府県知事は汚染対策地域を指定し，所要の対策を講じることができる．

5.8 湖沼の水質保全対策（湖沼法）

湖沼における水質汚濁への対策として，1984年に公布された湖沼水質保全特別措置法（**表5・4**）がある．これは，水質汚濁に関する環境基準の確保が緊急な湖沼を指定して，水質保全計画を策定し，これの円滑な実行をもって当該湖沼の水質保全をはかろうとするものである．指定湖沼の手続きは，都道府県知事からの申し出に基づき，内閣総理大臣が行うこととしている．現在までのところ，11湖沼が指定されている．

これらの指定湖沼については，達成すべき水質目標を設定した5ヵ年の水質保全計画が策定されている．水質保全計画の内容は，各湖沼によって異なっているが，その多くは表5・4のようなものである．

表5・4　湖沼法の概要

指定湖沼		水質保全計画の主な施策
年	湖　沼	
1985	霞ヶ浦，印旛沼，手賀沼，琵琶湖，児島湖	・下水道，し尿処理施設の整備
		・導水事業やしゅんせつ
1986	諏訪湖	・特定施設の排水規制（水質汚濁防止法の特定施設でないものを含む）
1987	釜房ダム貯水池	・工場・事業場の汚濁負荷量規制
1989	中海，宍道湖	・生活，畜産排水対策
1995	野尻湖	・面源対策
2007	八郎湖	

5ヵ年の水質保全計画が終了すると，次の5ヵ年計画を策定することとなるが，達成すべき目標値が次第に低下している例があるものの，その時点の状況を反映して目標値が上昇している場合もある（**図5・5**）．

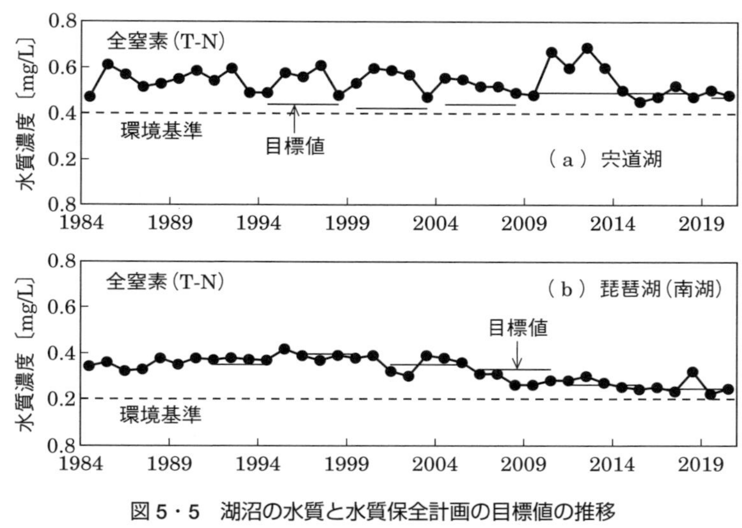

図5・5　湖沼の水質と水質保全計画の目標値の推移
（島根県資料および滋賀県資料）より作図

このように，湖沼の水質は一部には改善が見られるものの，図5・2や図5・3に示したように，多くの湖沼では対策に見合った水質改善がみられていない．このようなことから，湖沼法は2006年に一部が改正となり，面源対策を推進するための「流出水対策地区」の指定や，湖辺の植生保護のための「湖辺環境保護地区」の指定，それに湖沼水質保全計画の策定段階における地域住民の意見聴取などが盛り込まれた．また，これまでは湖沼水質保全計画の期間が5年と定められていたが，改正後は指定湖沼ごとに期間を自由に定めることができるようになった．

5.9 瀬戸内海の水質保全対策

瀬戸内海については，1973年に制定された瀬戸内海環境保全特別措置法がある．瀬戸内海は，1960年代から水質汚濁が急激に進行しているが，特に**図5・6**に示すように，赤潮の発生とその漁業への影響が重要な問題となっている．

このようなことから，瀬戸内海環境保全基本計画に基づく以下のような施策がとられている．すなわち，①特定施設の許可制，②水質総量規制（COD），③窒素，リンの削減指導，④自然海浜保全地区の指定，⑤下水道整備の促進，などである．

その後，2015年の改正では，基本理念として瀬戸内海を「豊かな海」とすることとされ，2021年には，海域の状況に応じて栄養塩類の供給も可能とする栄養塩類管理制度等が規定された．

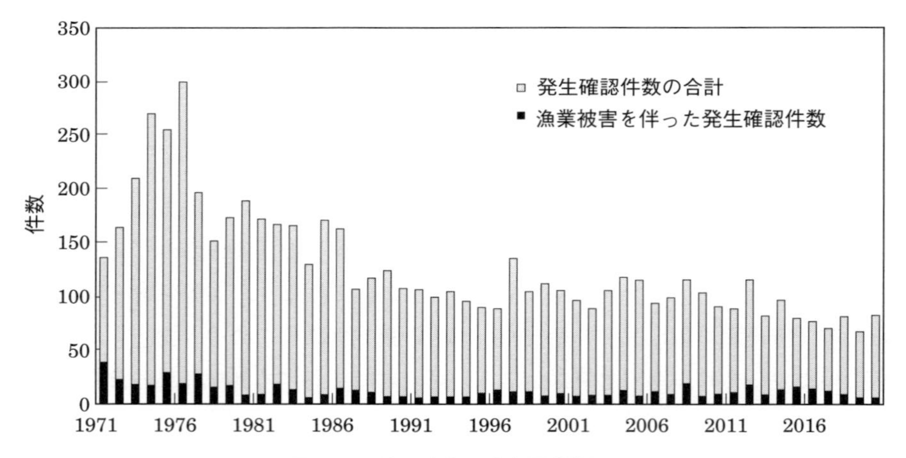

図5・6　瀬戸内海の赤潮発生状況
（環境省：環境統計集，2021）より作図

5.10 水質総量規制

特定事業場を対象とした，一般排水基準などの濃度規制の問題点は，希釈すれば基準をクリアできること，また，いったん基準をクリアすれば，よりいっそうの汚濁削減に対するインセンティブ（incentive：動機づけ）が働かないことにある．前者の問題については，以下に述べる水質総量規制があり，後者に対しては，「排出量取引」などがある．

水質総量規制は，1979 年に水質汚濁防止法の一部改正という形で施行されたもので，5 年を単位として特定事業場（50 m^3/d 以上の排水量のもの）からの汚濁負荷量（水質と水量を乗じたもの）の削減をはかろうとするものである（**図 5・7**）．これまでに第 8 次までの規制が，東京湾，伊勢湾，瀬戸内海について行われてきた．規制項目は，第 4 次（1999 年）までは COD のみであったが，第 5 次（2000 年）からは，窒素とリンも規制項目となった．これは，COD のみの規制では十分な効果が現れず，また，COD には内部生産（無機物である窒素，リンを栄養源として植物プランクトンが増殖すること）の影響が大きいことが理由にある．

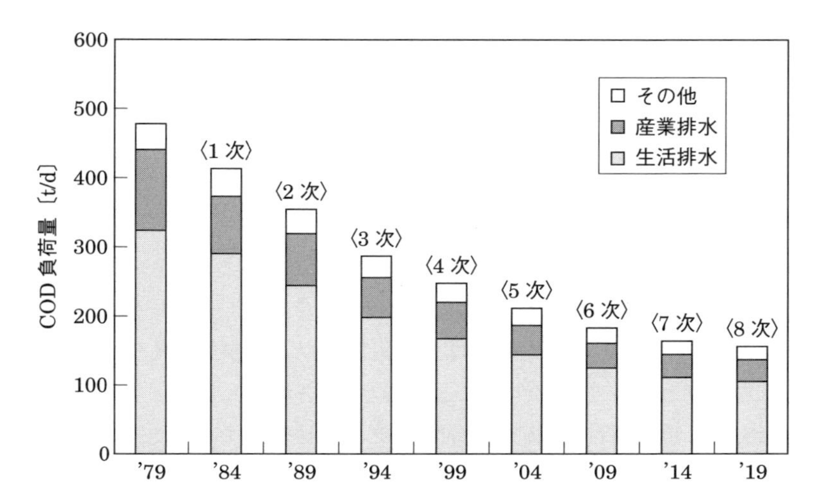

図 5・7　総量規制による発生負荷量の推移と削減目標量（東京湾，2019 年は目標値）
（環境省：環境統計集，2021）より作図

5.11　環境影響評価（環境アセスメント）

環境影響評価（環境アセスメント）は，環境に影響を及ぼす可能性のある行為について，その実施前に環境影響を把握し，適正な環境配慮を確保しようとするものである．環境影響評価は，1969年にアメリカにおいて世界で初めて制度化され，その後，世界各地で制度化されてきた．

日本での環境影響評価の法制化は，1972年にその取組みが始まり，1997年に法律が成立した．その間，1981年には法案が国会に提出されたが廃案となり，1984年の閣議決定「環境影響評価の実施について」が，国レベルとしての環境影響評価のよりどころとなった（「閣議アセスメント」と呼ぶこともある）．また，地方公共団体では，法律の制定を待たずに環境影響評価に関する条例や要綱を定めるところが多くなった（「条例アセスメント」と呼ぶこともある）．なお，1997年の法律制定までは，先進国の集まりであるOECDの中で，我が国が唯一，環境影響評価のための法律がない国であった．

世界の環境影響評価は，次のような形態に分類できる．すなわち，環境影響評価の実施主体が，事業者であるもの（事業者アセスメント），第三者であるもの（第三者アセスメント）であり，また，アセスメントの実施段階が，事業の計画段階でのもの（計画アセスメント），事業の実施段階でのもの（事業アセスメント），事業の実施後でのもの（事後アセスメント）である．我が国の環境影響評価制度は，このうちの，事業者アセスメントと事業アセスメントという位置づけとなっている．

環境影響評価法による手続きの概略を，閣議アセスメントとともに**図5・8**に示す．環境影響評価法では，新たに「スクリーニング」と「スコーピング」という手法を取り入れ，また，住民や環境大臣の意見を反映しやすいしくみとなっている．なお，「スクリーニング」とは，一定規模以下の事業でも，環境影響評価の対象となるかどうかを検討することであり，「スコーピング」とは，調査・予測・評価を行う環境項目を個別に検討することをいう．

水質関係では，環境影響評価において，事業を行った場合の環境変化を予測するため，「8章　モデルから水環境を予測する」で述べるようなモデルを用いて，

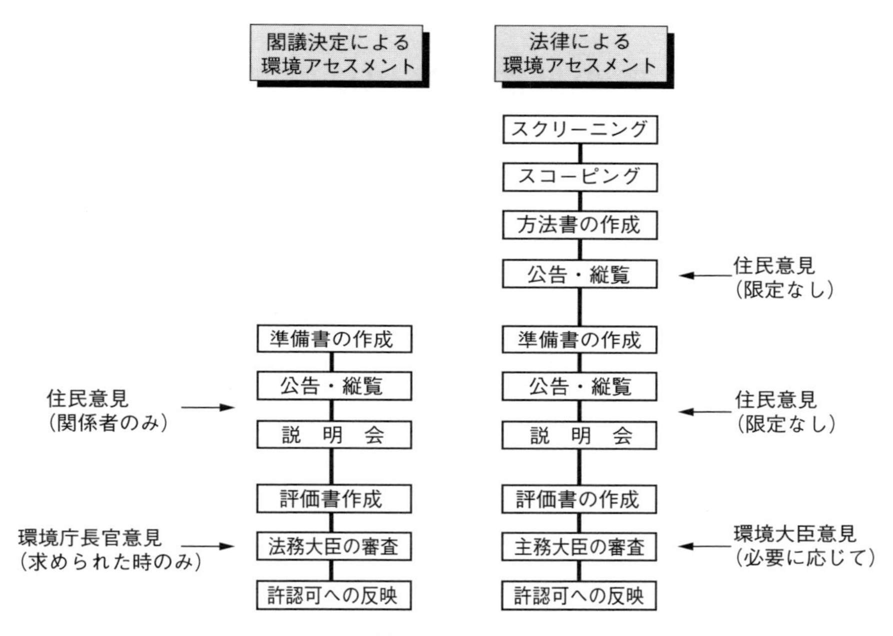

図5・8　環境アセスメントのあらまし

水質シミュレーションや負荷量解析が行われる場合が多い．

なお，日本の環境影響評価制度には，以下のような問題点があると指摘されてきた．すなわち，①環境影響評価の実施主体が事業者であるので，事業者に不利な評価が出にくい，②事業計画がある程度固まった段階での評価であるので，計画の大幅な見直しが困難である，③環境保全目標が達成可能であるとするデータを列挙する「アワセメント」になってしまう，などである．このようなこともあり，日本でも開発計画の立案段階から環境への影響を評価しようとする戦略的アセスメント（strategic environment assessment：SEA）が議論されたりしており，東京都などの一部の地方公共団体では条例化が行われている．

5.12 その他の水環境に関連した法規制

ここで示したもののほか，水環境の保全につながる近年の主な法規制の動きを**表5・5**に示す．このうち「河川法」では，従来の治水と利水に加えて，「河川環境の整備と保全」が明記され，「土地改良法」では，土地改良事業の原則として「環境との調和への配慮」が加えられた．また，2014年には「水循環基本法」が公付され，2019年の「流域治水関連法」では，最近の気候変動の影響を受けて「流域治水」が重要なキーワードとなっている．

表5・5 水環境の保全につながる近年の法規制の動き

時期	法律名	主な内容
1997年 改正	河川法	法の目的に，従来の治水と利水に加えて，「河川環境の整備と保全」が明記された．
1999年 公布	家畜排せつ物法（家畜排せつ物の管理の適正化及び利用の促進に関する法律）	家畜排せつ物の素掘り貯留や野積みを禁止とし，堆肥化などの有効利用を促進させる．2004年11月に全面施行となった．
1999年 公布	PRTR法 （特定化学物質の環境への排出量の把握等及び管理の改善の促進に関する法律）	特定の化学物質の排出量などを把握するとともに，その性状や取り扱いに関する情報を提供し，化学物質の自主的な管理の改善を促進させる．
2000年 公布	リサイクル法 （資源有効利用促進法）	「循環型社会形成推進促進基本法（2000年6月公布施行）」を受け，廃棄物の3R（Reduce：減量，Reuse：再利用，Recycle：再資源化）を促進させる．
2000年 公布	食品リサイクル法 （食品循環資源の再生利用等の促進に関する法律）	食品の売れ残り，食べ残し，製造過程での廃棄物を減少させ，飼料や肥料としての再生利用を促進させる．2007年に一部改正された．
2001年 改正	土地改良法	土地改良事業施行の原則として「環境との調和への配慮」が追加された．
2014年 公布	水循環基本法	水循環基本計画を策定し，水循環施策推進のための基本的施策を明確化
2019年 施行	流域治水関連法（特定都市河川浸水被害対策法等の一部を改正する法律）	気候変動の影響による降雨量の増加等に対応するため，流域治水の実現を図る．

演習問題

問 1　環境法に関する議論の中で，近年，話題となることの多い「予防原則」とは何か．

問 2　公共用水域の環境基準の適用にあたって，「健康項目（付表 1)」と「生活環境項目（付表 2)」の最も大きな差異はどこにあるか．

問 3　水質汚濁防止法における「排出水」と「汚水等」は何を意味しているか．

問 4　環境基準（「5.5.1　環境基準」参照）には達成できなかったときの罰則はないが，水質汚濁防止法には罰則があるか．

問 5　環境影響評価法において環境アセスメントの対象となるのは，どんな事業か．

6章
生活排水の実態とその対策

6.1 生活排水と上水道

本節では，生活排水の前に，そのもととなる上水道について，簡単にみることにする．

図6・1に，日本における明治以降の水道普及率を，下水道普及率や水系消化器系伝染病患者数とともに示す．水系消化器系伝染病の患者数は1960年代以降に著しく減少しているが，これは医学の進歩とともに，上下水道の普及によるところが大きい．

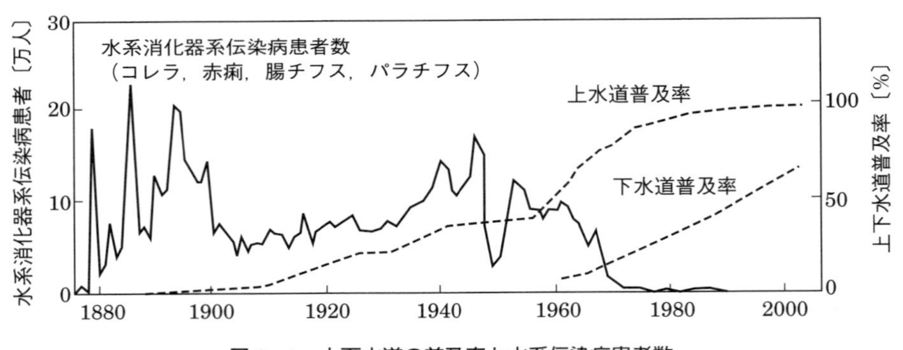

図6・1　上下水道の普及率と水系伝染病患者数

浄水の主要な過程は，凝集沈殿と砂ろ過，それに塩素消毒である．砂ろ過には緩速ろ過と急速ろ過があり，日本では，古くは緩速ろ過が主流であったが，最近は多くの浄水場で急速ろ過が用いられている．緩速ろ過は，化学薬品を加えず，砂粒の表面に付着して増殖した微生物群による生物化学的作用と砂層のろ過によって水を浄化する方法である．一方，急速ろ過では，アルミニウム系の凝集剤などを入れて浄化するので，浄化速度は緩速ろ過の約30倍と速い．また，急速ろ過では，ろ過池の面積が緩速ろ過の1/30程度ですむという利点があるが，一般には緩速ろ過の水の方が良質でおいしいとされている．

また，浄水場での浄化システムは，水道原水の質的な低下や浄水システムに求められる要件の変化などによって，さまざまな強化が図られている．その一例を**表6・1**に示す．1940年代の浄水システムに求められる要件は，主に病原性微生物の対策にあったが，次第に浄水システムは強化され，1990 年代以降は，トリハロメタンなどの微量化学物質や異臭味などについても対策をとることが求められるようになった．その結果，今日では，オゾンによる消毒や生物活性炭などの処理が追加された高度な浄水システムとなっている．また，「1.3.4　微生物による汚染」で述べたクリプトスポリジウムに対する対策も重要な課題となっている．

表 6・1　浄水過程の変遷（阪神水道企業団の例）

年代	主な対策	主要な浄水過程
1946～	・微生物リスク	→ 凝集・沈殿 → 砂ろ過（塩素） → 浄水池 →
1965～	・微生物リスク管理の強化	→ 凝集・沈殿（塩素） → 砂ろ過（塩素） → 浄水池 →
1971～	・化学物質に関するリスク管理 ・異臭味対策	（PAC）→ 凝集・沈殿（塩素） → 砂ろ過（塩素） → 浄水池 →
1993～	・化学物質，消毒副生成物に関するリスク管理の強化 ・異臭味対策の強化	→ 凝集・沈殿 → オゾン → BAC → 凝集（塩素） → 砂ろ過（塩素） → 浄水池 →

PAC：ポリ塩化アルミニウム（凝集剤）
BAC：生物活性炭
（佐々木隆：高度浄水技術におけるオゾンの役割と浄水への導入，資源環境対策，33（3），1997）より作成

なお，日本ではすべての浄水場で塩素消毒が行われているが，これは，水道法施行規則に給水栓末端の遊離残留塩素が 0.1 mg/L 以上（結合残留塩素では 0.4 mg/L 以上）と規定されていることによる．こうした水道水の塩素消毒が広く行われるようになったのは，第 2 次世界大戦後であり，これは，戦後の進駐軍の食生活（洋食にはお茶ではなく冷水を添えることが好まれること）によるところが大きいといわれている．

6.2 生活排水と処理施設

生活排水とは，水質汚濁防止法では「炊事，洗濯，入浴等，人の生活に伴い公共用水域に排出される水」とされ，通常，し尿と生活雑排水をさしている．また，生活雑排水は，慣用的な行政用語であるが，これはし尿以外の家庭から出る排水であり，具体的には，台所，洗面所，風呂などからの排水をさしている．生活排水の水質と原単位を**表6・2**に示す．なお，原単位とはヒトが1人当たり1日に排出する物質量で（これを「汚濁負荷量」あるいは「負荷量」とする）である．「5.10　水質総量規制」でも述べたが，一般に負荷量は，以下のように計算される．

表6・2　生活排水の水質と原単位

項　目	水質*1		原単位（負荷量）*2		
	生活雑排水〔mg/l〕	し尿排水〔mg/l〕	生活雑排水〔g 人$^{-1}$ d^{-1}〕	し尿排水〔g 人$^{-1}$ d^{-1}〕	生活排水〔g 人$^{-1}$ d^{-1}〕
BOD	180	260	40	18	58
COD	80	120	18	10	28
SS	87	440	24	20	44
T−N	9	120	4	9	13
T−P	2	10	0.5	0.9	1.4

原単位は調査事例の平均値で「参考値」

*1 稲森悠平：活性汚泥法の処理の高度化における管理の意義と重要性，用水と廃水，33（10），1991

*2 国土交通省水管理・国土保全局下水道部：流域別下水道整備総合計画調査　指針と解説，2015

［負荷量］＝［単位換算係数］×［水質］×［水量］　　(6・1)

生活排水処理施設は，おおまかにみると，市街地では下水道，農村では農業集落排水処理施設，それに，下水道事業計画区域外では浄化槽がある．これらの特徴を**表6・3**に示す．流域の水質環境を考えた場合，こうした生活排水対策のための処理施設は，7章で述べる点源の一つとされており，放流水の水質や負荷量が問題となる．

図6・2に2022年時点での市町村の規模別の汚水処理人口を示す．これをみると，未処理を除いた汚水処理人口の割合は，100万人以上の大都市ではほぼ100%であるが，人口規模が小さくなるにつれてこの割合は減少し，5万人未満

表6・3　生活排水処理施設の概要

項　目	下水道	農業集落排水処理施設	合併浄化槽
整備目的	都市基盤の整備	農村基盤の総合整備	家庭の生活排水の衛生処理
対象地域	市街地などの下水道事業計画区域	農業振興地域内の農業集落	下水道事業計画区域外の人口が散在した地域
処理方式	各家庭を管きょで接続して終末処理場で集合処理	各家庭を管きょで接続して終末処理場で集合処理	各家庭ごとの個別処理
整備期間	20年程度	5年程度	7～10日程度
維持管理主体	流域下水道は都道府県，公共下水道は市町村	市町村（都道府県または土地改良区の場合もある）	住民が専門業者に委託
処理人口	10 125万人	302万人	1 178万人
普及率	80.1%	2.4%	9.4%
所轄官庁	国土交通省	農林水産省	環境省

処理人口と普及率は2022年現在（農林水産省報道発表資料より）

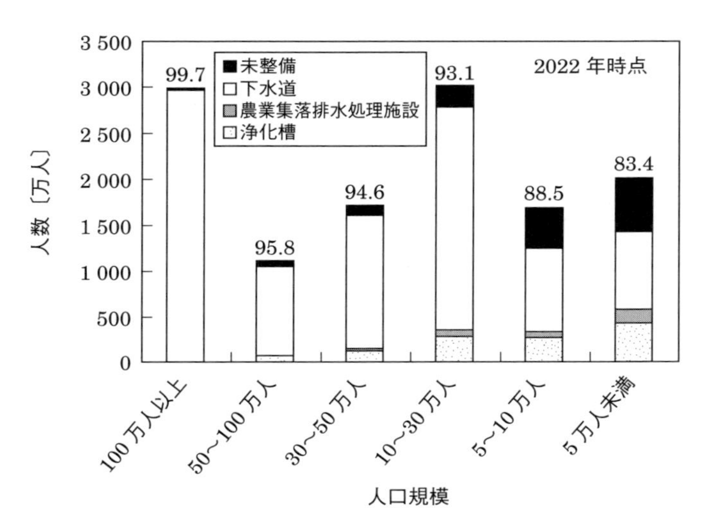

図6・2　市町村の人口規模別の汚水処理人口
（数値は未整備を除いた汚水処理人口の割合〔%〕）

（国土交通省資料）より作図

の市町村では83.4%となっていることがわかる．そして，日本全体での汚水処理人口割合は，下水道80.1%，農業集落排水処理施設2.4%，浄化槽9.4%，その他1.0%の合計92.9%である．

以下にこれらの施設について，その仕組みや性質，それにこれまでの取組みをみていくことにする．

6.3 下水道

生活排水の処理施設として，最も一般的なものは下水道である．下水とは，汚水と雨水を合わせたものをいい，具体的には，生活排水，工場排水，外部進入水（主として地下水），それに雨水をいう．また，下水道とは，これらの下水を排除する排水管きょ，下水処理施設，ポンプ施設などの総称である．

6.3.1　下水道の歴史

下水道の歴史は，紀元前2000年頃のインダス文明の栄えたモヘンジョ・ダロの遺跡にまでさかのぼることができる．モヘンジョ・ダロでは，浸み込み式の汚水槽やレンガ作りのマンホールが設けられていた．また，下水渠の途中に沈殿池も作られ，世界最古の下水処理施設ともいわれている．その後，紀元前600年頃のローマ帝国では，上水道と下水道を整備し，きわめて衛生的な都市が建設された．下水道については排水を目的とする有蓋の下水溝を作り，彼らの植民地にまでこれを普及させた．

その後の中世ヨーロッパは暗黒の時代といわれており，ローマ人の残したすぐれた都市技術は忘れ去られた．都市では人間の排泄物やゴミは街路に捨てられ，きわめて不潔な状態にあり，常に疫病が流行する危険性をもっていた（**図6・3**）．このため，街路に捨てられた汚物を雨水とともに街の外に排除することが必要となり，下水道が18世紀頃から作られるようになった．しかしながら，こうした下水道は，汚濁した水を無処理で河川へ放流するだけのものであったため，上流側と下流側の争いの種となった．このように，中世ヨーロッパの下水道は，雨水排除のための管路がまず建設され，雨水の流れによって汚物を排除するという形態であった．一方，その頃の日本は，し尿を肥料として農地に施用する

中世ヨーロッパ都市では，「気をつけな！ 水だよ！」という掛声とともに，汚水やゴミも窓から投げ棄てるのがふつうだった

図 6・3　中世ヨーロッパの都市下水
（大場英樹：環境問題と世界史，環境コミュニケーションズ，1979）

ことが広く行われ，また，生活雑排水も貯め桝などでいったん貯留してから河川へ流していたため，中世ヨーロッパと比較するときわめて衛生的であった．中世ヨーロッパの都市人口は，せいぜい 30 万人程度が上限であったが，江戸時代の江戸は 100 万人の人口をかかえることができた．

その後，1849 年と 1853 年にはロンドンでコレラが大流行し，2 万人近い死者を出すに至り，テムズ川周辺で大規模な下水道計画が立案された．そして，19 世紀後半には放流前に沈殿処理が，20 世紀に入っては二次処理が行われるようになった．日本での処理を伴う下水道建設は，1922 年（大正 11 年）の東京三河島処理場が最初である．日本では，農村地域ではし尿の農地還元が行われていたこと，また，水道使用量も少なかったことから，本格的な下水道建設は 1960 年代からであった（図 6・1 参照）．

なお，我が国で古くから行われていたし尿の農地還元は，長く資源の循環を成り立たせる役割をしていたが，一方では寄生虫や伝染病の発生といった衛生上の問題があった．1945 年の第 2 次世界大戦終結の後，日本は進駐軍の行政管理下におかれたが，この時，し尿の農地還元は非衛生を理由に全面禁止とされ，陸上で浄化処理をするよう強い勧告を受けたという経緯がある．

6.3.2　下水の排除方式

下水道は，下水の排除方式によって，合流式下水道と分流式下水道に分類される（**図6・4**）．合流式下水道は，1本の管路で汚水と雨水をいっしょに排除するものであり，分流式下水道は，汚水と雨水を別々の管路で排除するものである．

合流式下水道では，降雨時に増加する雨水も排除するため，管路は太くなる傾向にある．そのため，管内の流量の少ない晴天時では，汚濁物質が流路の途中で堆積し，管路末端の処理施設へ到達しないものがある．そして，降雨があると，堆積していた汚濁物質が下水とともに流れ出ることになる．しかし，処理場では増水したすべての下水を受け入れることができないため，雨水吐きを越流した下水は，処理場をバイパスして無処理で公共用水域へ放流されることになる．このようにして流れ出た汚濁物質は，たとえば，2000年頃に東京湾岸のお台場に漂着したオイルボールなどとして報道され，社会的にも多くの関心を呼んだ．

我が国では，以前は合流式下水道が建設されており，主要な大都市の下水道の多くは合流式である．しかし，こうした合流式下水道は，前述のように降雨時には水質保全上の問題があるため，近年は，新設の場合は分流式が採用されている．

6.3.3　下水処理場（終末処理場）

下水管きょによって集められた下水は，下水処理場において処理された後，公共用水域へ放流される．下水処理場の形態は，規模や処理方式によってさまざまなものがあるが，処理場内での下水のおおまかな流れは，**図6・5**のようである．

下水処理場に集められた下水は，スクリーンを経て，沈砂池と最初沈殿池において粗大な浮遊物や容易に沈殿する汚濁物が取り除かれる．これを一次処理と呼んでいる．その後，さまざまな形態の生物処理によって下水の有機汚濁物質（BOD成分）が取り除かれ，最終沈殿池において固液分離が行われる（二次処理）．そして，処理水は塩素消毒され，公共用水域へ放流される．

図6・5の「生物処理」は，さまざまな方法が開発されているが，浮遊生物法と生物膜法に大別され，いずれも微生物の働きを利用するものである．**図6・6**では，微生物を利用した下水の処理方法について分類した．微生物による下水処理には，酸化的な環境で行われる好気性処理と，還元的な環境で行われる嫌気性

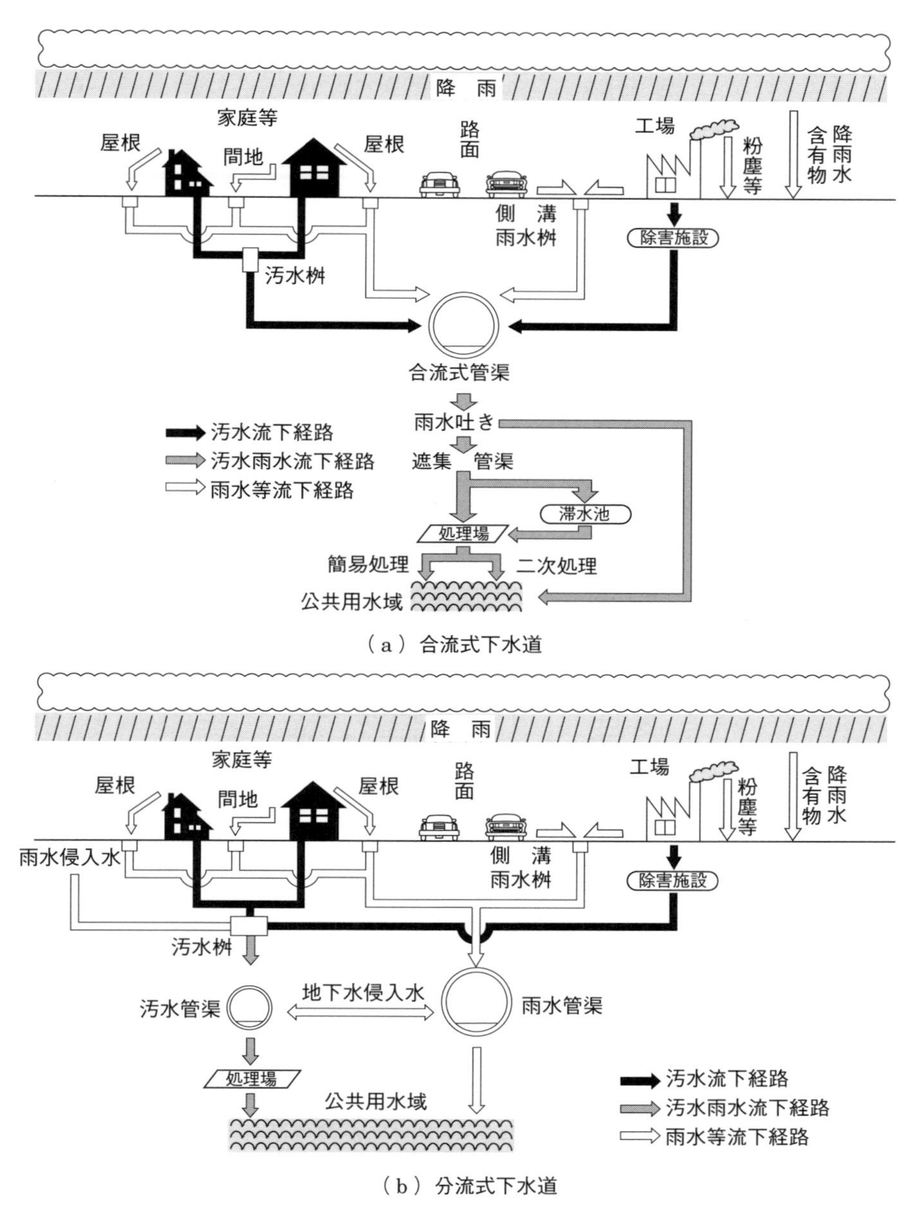

図 6・4　合流式下水道と分流式下水道

(和田安彦：ノンポイント負荷の制御，技報堂出版，1994)

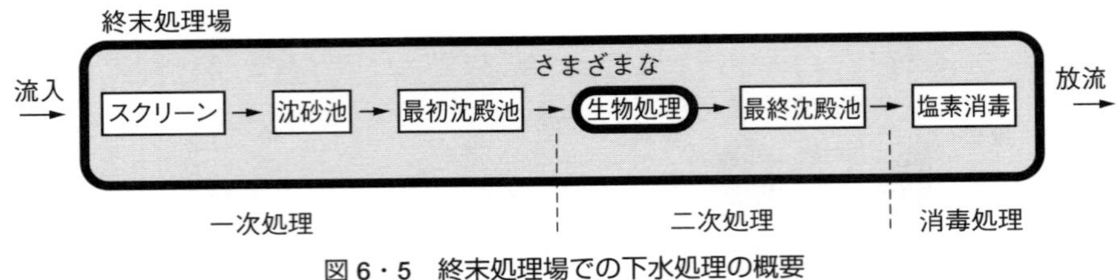

図6・5　終末処理場での下水処理の概要

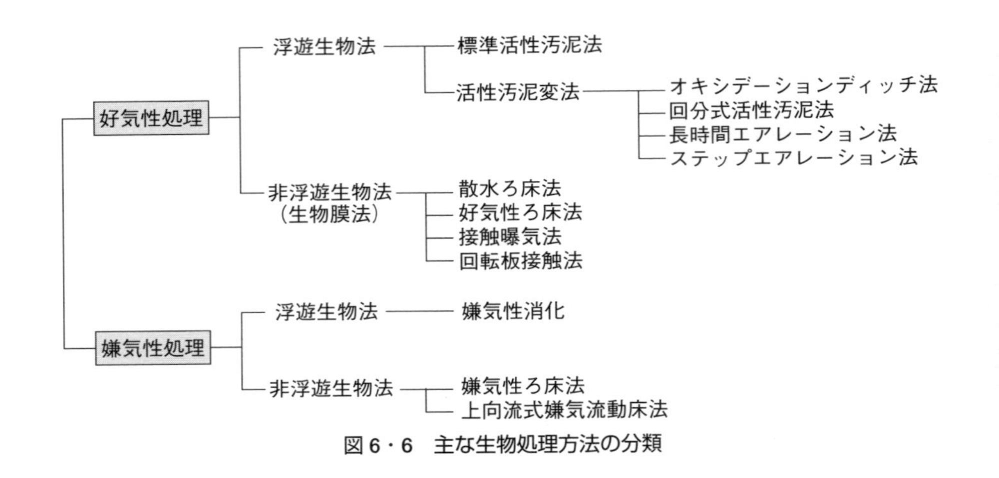

図6・6　主な生物処理方法の分類

処理があるが，多くの処理場で行われている効率的な有機物の除去は，好気性処理である．これらは，微生物が浮遊した状態で処理を行う浮遊生物法と，担体やろ材などの個体の表面に付着した生物膜を利用して処理する非浮遊生物法（生物膜法）がある．

また，**表6・4**に2020年での全国2 147の下水道における処理方式の一覧を示す．これを見ると，小規模な処理場ではさまざまな処理方式があるものの，規模が10 000 m^3/d以上の処理場では，約70.1％が標準活性汚泥法を用いていることがわかる（1998年時点では85.1％であった）．

表 6・4　下水道の処理方式別一覧（2020 年時点）

分類	処理方式	処理場の規模（計画晴天日最大処理水量〔千 m^3/d〕）						合計
		5 未満	5～10	10～50	50～100	100～500	500 以上	
1 次処理	沈殿法			1				1
2 次処理	標準活性汚泥法	49	70	303	96	83	6	607
	嫌気好気活性汚泥法	12		5	4	14	3	38
	酸素活性汚泥法	2	3	2	2	1		10
	オキシデーションディッチ法	864	88	20				972
	高度処理オキシデーションディッチ法	55	6	1				62
	回分式活性汚泥法	62	6	1				69
	長時間エアレーション法	46	4	1				51
	ステップエアレーション法			1		2		3
	嫌気無酸素好気法	1	4	14	10	23		52
	循環式硝化脱窒法	4	5	13	3	9	1	35
	硝化内生脱窒法	1	2			1		4
	ステップ流入式多段硝化脱窒法	2	2	29	18	15		66
	高速散水ろ床法	1	1					2
	好気性ろ床法	22	2					24
	嫌気性ろ床法	43	1					44
	接触酸化法	14	1					15
	回転生物接触法	7	3	1	1			12
	土壌被覆型礫間接触法	36						36
	循環式硝化脱窒型膜分離活性汚泥法	7	1					8
	その他	17	7	7		5		36
合　計		1 245	206	399	134	153	10	2 147
上記のうち高度処理に位置づけている処理場		123	41	71	32	57	4	328

処理場の内訳（公共下水道：1 077，流域下水道：176，特定公共下水道：7，特定環境保全，公共下水道：887）
（下水道協会：下水道統計，2020）より作成

6.3.4　標準活性汚泥法

標準活性汚泥法は，下水処理における最も代表的な処理方法である．**図 6・7** に標準活性汚泥法のフローを示す．活性汚泥法とは，下水と活性化された微生物

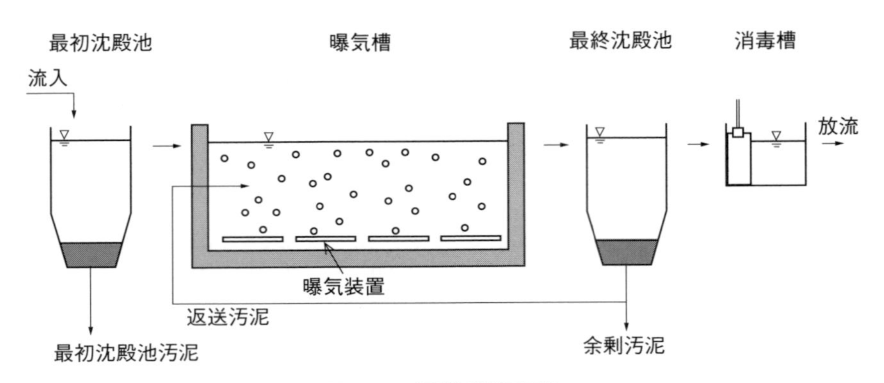

図6・7　標準活性汚泥法

集団を混合し，曝気（ばっき）（ポンプで空気を送り込むこと）によって処理槽に酸素を供給し，好気的呼吸（図2・7参照）を継続させ，有機物を二酸化炭素と水に分解するものである．活性汚泥は，処理槽内で増殖した微生物に有機，無機質の浮遊粒子が付着・凝集したゼラチン状の塊（フロック）で形成されている．そして，有機物の酸化分解力と吸着力が強く，また，沈殿槽での固液分離も容易であるという特徴をもっている．処理槽内における活性汚泥は，以下の3種類の行動をとる．すなわち，①活性汚泥への有機物の吸着，②有機物質の酸化（有機物が CO_2 と H_2O へ分解されること）と同化（酸化によって得たエネルギーを用いて有機物を新しい細胞へ合成すること），③微生物の自己分解（微生物遺骸が CO_2，H_2O，NH_3 などへ分解されること），である．このうち微生物の増殖速度の方が，自己分解速度よりも大きいので，最終沈殿池では堆積した活性汚泥（余剰汚泥）を引き抜くことが必要である．

活性汚泥法は，1862年に下水に空気を吹き込むことによって浄化が行われることが発見されたことに始まる．しかしこの方法では，処理を継続していると基質となる有機物が不足し，微生物群の活動が低下し，次第に処理効率が悪くなるという難点があった．その後，最終沈殿池の汚泥の一部を曝気槽へ返送すると，この問題が解決することがわかり，継続した処理が可能となった．そして1917年にはイギリスとアメリカで実用段階に入り，その後，さまざまな改良法が開発され，今日の標準的な下水処理方式となっている．

標準活性汚泥法については，現在，以下のような問題があるとされている．すなわち，①過度の有害物質によって活性汚泥が阻害を受ける，②窒素，リンの除去率は 20 ～ 40％程度と低い，③難分解性物質の除去は困難である，④大量の空気の供給にコストがかかる，⑤大量の余剰汚泥が発生する，などである．

6.3.5 放流水の水質

放流水の水質については，以前は pH，BOD，SS，大腸菌群数において一律の水質基準が定められていたが，2003 年に改正された下水道法施行令では，これらに T − N と T − P の水質値が加えられた．すなわち，pH（5.8 ～ 8.6），SS（40 mg/L），大腸菌群数（3 000 個 /cm^3）については一律基準とするものの，BOD，T − N，T − P については，下水道管理者が自ら規定する「計画放流水質」が設けられた．**表 6・5** にその概要を示す．なお，大腸菌群数は 2024 年に大腸菌数に変更された．

表 6・5　下水道の計画放流水質

代表的な処理法	追加処理			計画放流水質〔mg/L〕		
	急速ろ過	凝集剤添加	有機物添加	BOD	T-N	T-P
標準活性汚泥法	×	×	×	10～15 以下	—	—
	○	×	×	10 以下	—	—
嫌気好気活性汚泥法	×	×	×	10～15 以下	—	3 以下
	○	×	×	10 以下	—	1～3 以下
	○	○	×	10 以下	—	1 以下
嫌気無酸素好気法	×	×	×	10～15 以下	20 以下 *	3 以下 *
	○	×	×	10 以下	10～20 以下 *	1～3 以下 *
	○	×	○	10 以下	10～20 以下	1～3 以下 *
	○	○	×	10 以下	10～20 以下 *	1 以下
	○	○	○	10 以下	10 以下	0.5～1 以下 or 0.5 以下
循環式硝化脱窒法	×	×	×	10～15 以下	20 以下	—
	○	×	×	10 以下	10～20 以下	—
	×	○	×	10～15 以下	20 以下 *	3 以下
	○	×	○	10 以下	10 以下	—
	○	○	×	10 以下	10～20 以下	1～3 以下
	○	○	○	10 以下	10 以下	1～3 以下 or 0.5～1 以下

* 設定されない場合がある
（佐藤和明：水質保全に貢献した下水処理技術，用水と廃水，51(4)，2009）の分類による

6.3.6　下水道による水洗化

下水道は，このように生活排水処理の代表的なものであるが，一方で，家庭のトイレを水洗トイレにし，日常生活を文化的，衛生的なものにすることに重要な役割を果たしている．

なお，下水道法では，くみ取りトイレの所有者は，下水道での処理が開始されると3年以内に既存のトイレを水洗トイレに改造しなければならないとの規定がある．これは，下水道の区域内に既存のくみ取りトイレが存続することは，公衆衛生の観点から望ましくなく，また，し尿の収集を継続すると二重投資の不都合が生じるという考えによっている．また，下水処理区域内ですでに浄化槽により水洗化されている建物については，遅滞なくその土地の下水を下水道に流入させるという規定もある．

6.4　農業集落排水処理施設

農村は，日本の可住地面積の約9割を占め，総人口のおよそ4割が居住している．近年，農村地域は，単に食料供給の場としてだけでなく，国土の保全，文化の伝承といった多面的機能についても議論されるようになってきている．

農村地域の生活排水対策は，農林水産省によって，農業用用排水の水質保全，農業用用排水施設の機能維持，または農村生活環境の改善を図る目的で，農業集落排水処理施設が整備されつつある．農村地域は，人口密度が小さく集落が点在しているので，もしも大規模な下水道を建設しようとすると，下水管きょが長大となり，そのための費用と時間が膨大になる．そのため，農業集落排水処理施設は，数集落を単位として下水処理を行う小規模分散型の処理施設となっている．なお，農業集落排水処理施設は，法的には浄化槽の変形とされ，浄化槽法によって，製造，使用，保守点検などが規定されている．

農業集落排水処理施設の特徴としては，以下のようなものがある．すなわち，①通常は無人運転で専門技術者は定期的に巡回する，②下水の集水規模が小さいので，処理場へ流入する下水の量と質の時間変動が大きい，③工場排水が流入しないため，汚泥の堆肥化などによる資源の循環利用につながりやすい，などである．

6.4.1　農業集落排水処理施設の型式

農業集落排水処理施設の多くは，一般社団法人・地域環境資源センター（前：地域資源循環技術センター，旧：日本農業集落排水処理協会）の定めたJARUS（ジャルス）型施設であり，付表5に示すタイプの処理方式がとられている．そして，農業集落排水処理施設は，2022年時点では全国で約4 800施設が供用され，処理人口は約302万人である．下水道の場合は，「6.3.3　下水処理場（終末処理場）」で述べたように，一定規模以上の施設では標準活性汚泥法が多く採用されているが，小規模な農業集落排水処理施設では，さまざまな処理方式が採用されている．これらは付表5のように生物膜法と浮遊生物法に分類されるが，計画処理水質は，表6・5と同様に表6・2にあるし尿の水質の1/10くらいのレベルに相当している．

6.4.2　生物膜法

生物膜法とは，接触材（ろ材）の表面に付着した微生物によって汚水の浄化を行う方法である．この方法では，微生物の移流が防止でき，広範な生物相が形成されるので，安定した処理性能が期待できる．**図6・8**（a）に生物膜法の一つである接触曝気槽と嫌気性ろ床槽を組み合わせた方式の処理フローを示す．

接触曝気法とは，ろ材を浸漬させた処理槽に曝気を行って酸素を供給すると，生物膜と呼ばれる好気性の微生物凝集体がろ材に着床してくるので，これに有機物の分解や，有機態窒素やアンモニア態窒素の硝酸態窒素への酸化（硝酸化成）を行わせようとするものである．一方，空気を送り込まない嫌気性ろ床槽では，ろ材には嫌気性微生物の生物膜が発達するので，ここでは，種々の嫌気性処理や脱窒を行わせることができる．

6.4.3　浮遊生物法

小規模な下水処理施設に多く見られる浮遊生物法に，回分式活性汚泥法とオキシデーションディッチ法がある．

図6・8（b）に回分式活性汚泥法のフローを示す．この方式は，単一の処理槽において，時間によって曝気を行ったり，行わなかったりする方法である．この曝気のオンとオフの時間割合を工夫すると，好気的環境と嫌気的環境を一つの処

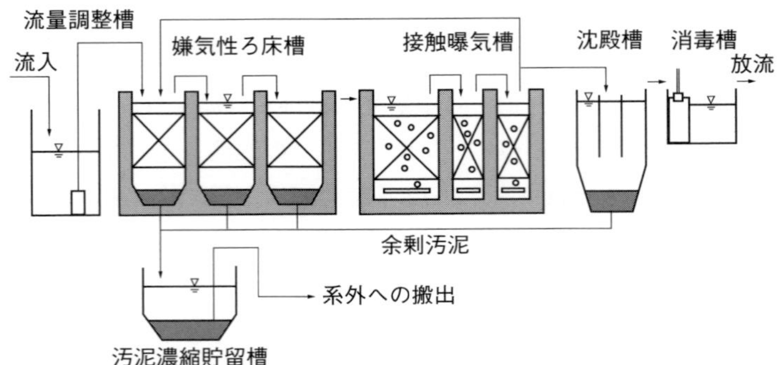

（a）嫌気性ろ床槽と接触曝気槽を組み合わせた方式

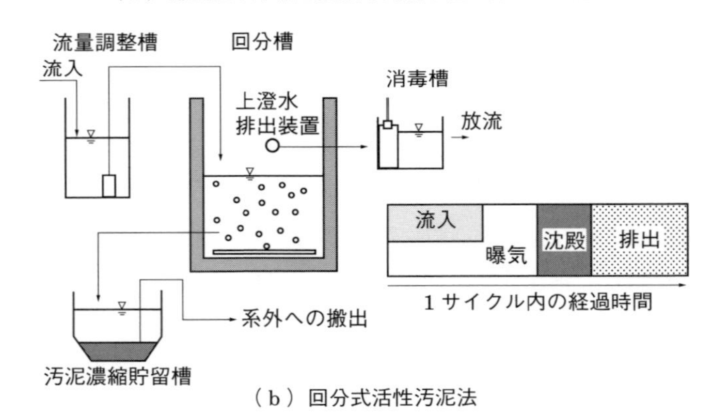

（b）回分式活性汚泥法

（c）オキシデーションディッチ方式

図6・8　小規模排水処理施設での処理過程の主要部分

（治多伸介：農業集落排水－5－　汚水処理技術の概論，農業土木学会誌，61（9），1993）を一部改変

理槽で発現させることができ，条件が整うと窒素除去も期待できることになる．近年は，この方式と同じく，主要な反応槽が曝気槽のみである長時間曝気方式や連続流入間欠曝気方式も多く採用されている．

また，オキシデーションディッチ法は，長円形の水路に酸素を供給するとともに循環流を作り出し，下水と活性汚泥を混合かく拌する方法である（図6・8(c)）．この方式では，標準活性汚泥法と同様，沈殿槽で分離された汚泥を返送する必要がある．

6.5 浄化槽

下水道事業計画の区域外の生活排水対策としては浄化槽がある．建築基準法では，下水道の処理区域外にある建物のトイレを水洗化するときは，浄化槽の設置を義務づけている．浄化槽の処理人員は，上限は設定されていないため，数人規模のものから，関西国際空港のような約8万人を対象にしているところもある．

浄化槽には，し尿のみを処理する単独処理浄化槽と，し尿と生活雑排水を処理する合併処理浄化槽がある．し尿のみを処理する単独処理浄化槽では，台所や風呂などから排出される生活雑排水は無処理のまま放流されるので，公共用水域の水質保全を考えると重大な問題となっている．これらの2種類の浄化槽から放流されるBOD負荷量を**図6・9**に示す．家庭から出る生活排水のBOD負荷量は，単独処理浄化槽でも合併処理浄化槽でも同じであるが，単独処理浄化槽では，生活雑排水は浄化槽を通らずに無処理で放流される．そのため，単独処理浄化槽から公共用水域に放流されるBOD量は，1人1日当たり46.3gとなり，合併処理浄化槽の約8倍となっている．

浄化槽は，過去には，下水道が整備されていない地域でのし尿を処理することが主な目的であったり，下水道管きょが埋設されるまでの一時的な「間に合わせ」という位置づけにあったこともある．そのため，1990年頃の浄化槽は，ほとんどが単独処理浄化槽であり（**図6・10**），環境保全上，重要な問題であるとされた．このようなことから，2000年には浄化槽法の改正が行われ，下水道計画区域の外では，新設の場合，合併処理浄化槽の設置が義務づけられた．また，既設の単独処理浄化槽を合併処理浄化槽に転換することも進められてきた．その

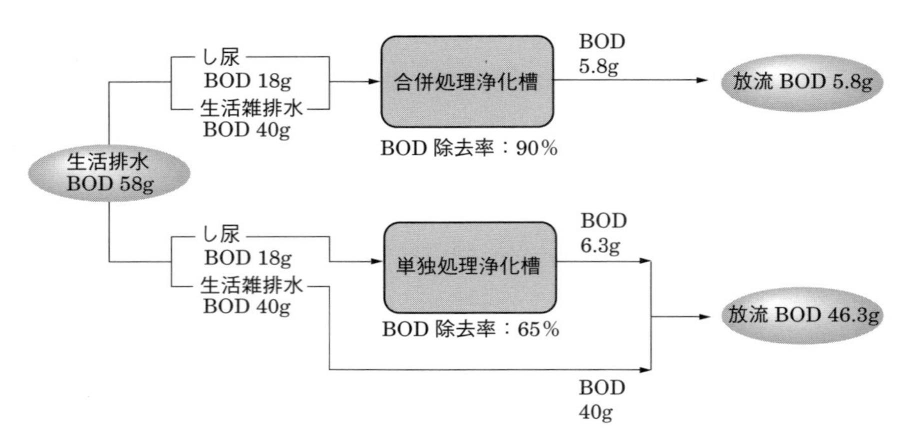

図6・9　浄化槽方式による放流 BOD 量の違い（発生 BOD 量は表6·2の値を使用）

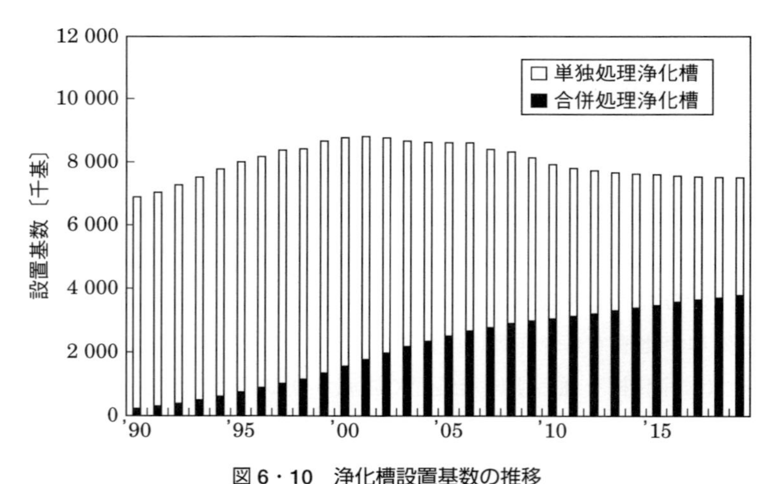

図6・10　浄化槽設置基数の推移
（環境省：環境統計集，2021）より作図

結果，合併処理浄化槽の設置基数は着実に増加し，2019年の単独浄化槽の割合は49.5%にまで減少した．

なお近年，地方都市では，人口の分散化や経済状況の悪化などで，今後の下水道管きょ埋設の飛躍的な進捗があまり期待できないため，浄化槽は一時的な「間に合せ」ではなくなりつつある．このようなことから，一部の地方自治体では，個人の所有物である浄化槽の管理に行政が直接関与したり，浄化槽，公共下水道，農業集落排水処理施設，それに浄水場を加えた水のライフラインに関する部署を統合したりする動きも出てきつつある．

また，浄化槽の多くは，接触曝気方式の処理によるものなので，BOD成分の除去はできても，窒素やリンの除去はあまり期待できない（表6・8参照）．したがって，窒素やリンの除去可能な高度処理浄化槽の設置がのぞまれるが，たとえば，2002～2004年に新設された浄化槽に占める高度処理浄化槽の割合は，窒素除去型が8.3％，窒素・リン除去型が0.1％と少ないのが実情である．

6.6 し尿処理施設

し尿処理施設は，1954年の「清掃法」の制定・公布以来，主に汲み取りし尿の処理を行うことによって公衆衛生の向上に貢献し，後述する高度処理に対応した高いレベルの処理技術を発展させてきた．そして近年では，汲み取りし尿の処理に加え，浄化槽汚泥の処理が増えつつある．たとえば，2006年における処理実績では，汲み取りし尿が1 070万kL，浄化槽汚泥1 409万kLとなっている．また，1997年には，し尿処理事業は「汚泥再生処理センター事業（**図6・11**）」に転換された．これは，これまでのし尿や浄化槽汚泥とともに，家庭の生ゴミや事業場から出る有機性廃棄物を受け入れ，メタン発酵などによるエネルギーの回収や堆肥化，それに助燃材化などを行い，循環型社会の構築をめざすものである．

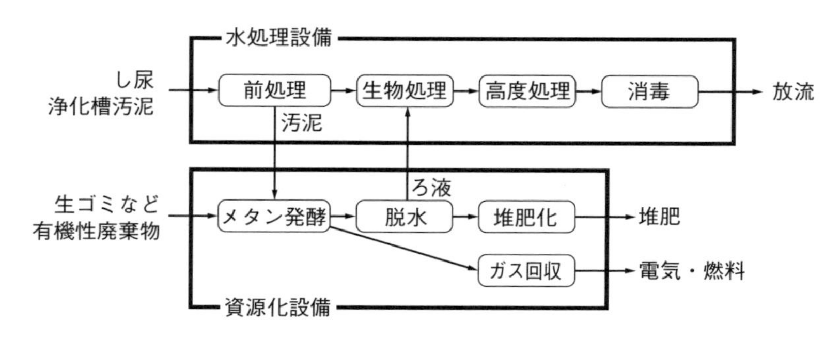

図6・11　汚泥再生処理センターのプロセス例

6.7　高度処理

ここまでに述べた下水処理は図6・5の二次処理にあたり，曝気による有機物質の好気的な酸化分解が中心であった．これによってBODの水質はおおむね満足できる水準にまで低下させることができるが，窒素，リンの除去については不十分となっている．窒素，リンに関する上乗せ排水基準（表5・3参照）がある場合や，通常の二次処理だけでは十分な処理が行えない場合，あるいは，下水処理水を再利用する場合には，二次処理水にさらに処理を加える必要がある．これを高度処理あるいは三次処理といい，二次処理施設のフローの後に追加される場合が多い．代表的な高度処理技術を**表6・6**に示す．ここでは，主に窒素とリンの除去，それに近年注目を集めている膜分離について見ていくことにする．

表6・6　主な高度処理技術

対象物質		処理方法
栄養塩	窒素	生物学的脱窒素法，アンモニアストリッピング法，塩素酸化処理法
	リン	凝集沈殿法，生物学的脱リン法，晶析法
有機物	浮遊性	急速ろ過法，凝集沈殿法，浮上分離法
	溶解性	活性炭吸着法，オゾン酸化法，接触酸化法，膜分離法
無機塩	溶解性	逆浸透法，電気透析法，イオン交換法

6.7.1　窒素の除去

窒素の除去に多く用いられるのは，生物学的窒素除去法であり，4章の「4.1.1 化学形態のサイクル」で述べた自然界の窒素循環過程を，処理場の中で人為的に作りだす方法である．下水中の有機態窒素やアンモニア態窒素は，好気的な環境の下で硝酸にまで酸化され（硝酸化成），その後，嫌気的な環境下では，硝酸は還元されて窒素ガスになる（脱窒）．窒素除去は，このような「好気的で窒素成分が酸化されやすい環境」と「嫌気的で窒素成分が還元されやすい環境」を，処理槽の中に作り出すことによって行われる．こうした過程は，図6・8に示した処理フローにおいても，技術的な工夫を施すことによって可能となる．ここで，窒素除去の主役となるのは，4章で述べたように，*Nitrosomonas* 属や *Nitrobacter*

属の硝化菌と，通性嫌気性菌である脱窒菌である．したがって，これらの微生物が効率よく活動する環境をいかにして安定的に，そして経済的に提供するかが，窒素除去の技術的な課題となっている．

6.7.2 リンの除去と回収

リンの除去には，凝集沈殿による方法と，微生物を用いた方法がある．微生物を用いた方法では，高度な技術が要求されるので，主に大規模な処理場で用いられている．

(1) 凝集沈殿法

凝集沈殿法は，凝集剤（**表 6・7**）を水中に投入し，水中からリン酸イオンを沈殿させて取り除く方法である．**図 6・12** にリン酸と鉄，アルミニウム，それにカルシウムの溶解度曲線を示す．これをみると，$FePO_4$ は pH = 5 付近で溶解度が最小となり，PO_4-P としては 0.31 mg/L 程度しか溶解しない．また，$AlPO_4$ は pH = 6 付近で最小溶解度となり，同様に 0.031 mg/L しか溶解しないことがわかる．

表 6・7　主な凝集剤とリン酸との反応

分類	名　称	化学式	リン酸との反応
アルミニウム化合物	硫酸バンド（硫酸アルミニウム）	$Al_2(SO_4)_3 \cdot 18H_2O$	$Al^{3+} + PO_4^{3-} \rightarrow AlPO_4 \downarrow$
	PAC（ポリ塩化アルミニウム）	$[Al_2(OH)_nCl_{6-n}]_m$	
鉄化合物	硫酸鉄（Ⅱ）	$FeSO_4 \cdot 7H_2O$	$Fe^{3+} + PO_4^{3-} \rightarrow FePO_4 \downarrow$
	塩化鉄（Ⅲ）	$FeCl_3 \cdot 6H_2O$	
	塩化コッパラス	$FeCl_3 + Fe_2(SO_4)_3$	

凝集剤は，アルミニウム塩の硫酸バンドやポリ塩化アルミニウム（poly aluminium chloride：PAC）が多く用いられている．しかし，アルミニウムは植物の根を傷めること，また，アルツハイマーの原因物質と疑われていることなどから，処理場で発生した汚泥を肥料などとして再利用する場合には，こうしたことを問題視する考えもある．このようなことから，最近ではアルミニウム塩に

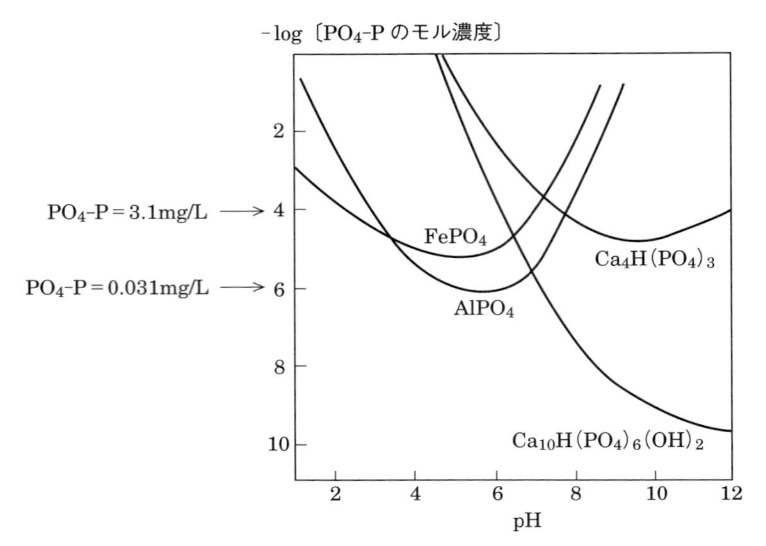

図6・12　リン酸金属塩の溶解度曲線
（Stumm, W. and Morgan, J.J.：Aquatic chemistry（3rd ed.), John Wiely & Sons, 1996）より作成

替わって，鉄塩の凝集剤を用いようとする動きもある．

(2) 生物学的脱リン法

通常の活性汚泥法では，活性汚泥に含まれる微生物が取り込むリンの量はわずかであるので，リンの除去については多くを期待できない．しかし，微生物の中には，リンをポリリン酸として多く蓄積するものがいるので，これを利用して，活性汚泥の中でリンを除去しようとするのが，生物学的脱リン法である．活性汚泥を溶存酸素と硝酸態窒素，それに亜硝酸態窒素のない嫌気状態にすると，ポリリン酸蓄積細菌が優占種となる．この菌は嫌気状態ではリンを放出するが，好気状態では水中のリンを多く取り込んで体内に蓄積するという性質がある．生物学的脱リン法は，こうした菌の性質を利用し，活性汚泥の嫌気条件と好気条件の設定を工夫することなどによってリンを除去しようとするものである．

(3) リンの回収

下水処理の分野でのリンの除去は，上述のような方法で行われているが，「4.2.4 リン鉱石」でも述べたように，リンは枯渇が懸念される資源でもある．したがって，下水処理過程において，いくつかの処理工程を施してリンを回収し，これを肥料などとして再利用することも，資源循環の観点からきわめて重要である．こうした技術で代表的なものに，リン酸マグネシウムアンモニウム（magnesium ammonium phosphate：MAP）やヒドロキシアパタイト（hydroxylapatite：HAP）の生成があり，以下の化学反応式で表される．

$$\text{MAP}: Mg^{2+} + NH_4^{+} + HPO_4^{2-} + OH^{-} + 5H_2O \rightarrow MgNH_4PO_4 \cdot 6H_2O \downarrow \qquad (6 \cdot 1)$$

$$\text{HAP}: 10Ca^{2+} + 6PO_4^{3-} + 2OH^{-} \rightarrow Ca_{10}(OH)_2(PO_4)_6 \downarrow \qquad (6 \cdot 2)$$

6.7.3　膜分離

膜分離とは，微細な孔があいた特殊な素材の膜を用いて，水中の汚濁物質と水とを分離しようとするものである．**図 6・13**（a）のように，膜を隔てて水と塩溶液を入れると，浸透圧によって水は塩溶液の側へ移動する．しかし，塩溶液の方に浸透圧以上の圧力をかけると，逆に塩溶液の側から水のみが膜を通過して移動する．ここで，塩溶液を下水にし，一定の圧力をかければ，膜を透過しない汚濁物質は下水側に残る．このように，汚濁物質の除去の原理はろ紙で泥水などをろ過する場合と同じであるが，孔径が微細であるため，膜分離では圧力をかける必要がある．

膜には，孔径のサイズによっていくつかの種類があり，図 6・13（b）にその概要を示す．

なお，膜分離の対象となる水は，懸濁物質が多いと目詰まりを起こすので，たとえば，活性汚泥法の曝気槽から出てくる上澄み液のさらなる処理などに用いられている．

6.8　生活排水処理システムの課題

生活排水処理システムは，私たちのまわりの生活環境の改善だけでなく，文化的な生活，衛生的な生活の実現にきわめて重要な役割を担っているが，必ずしも完成された技術というわけではないので，以下のような課題があるとされている．

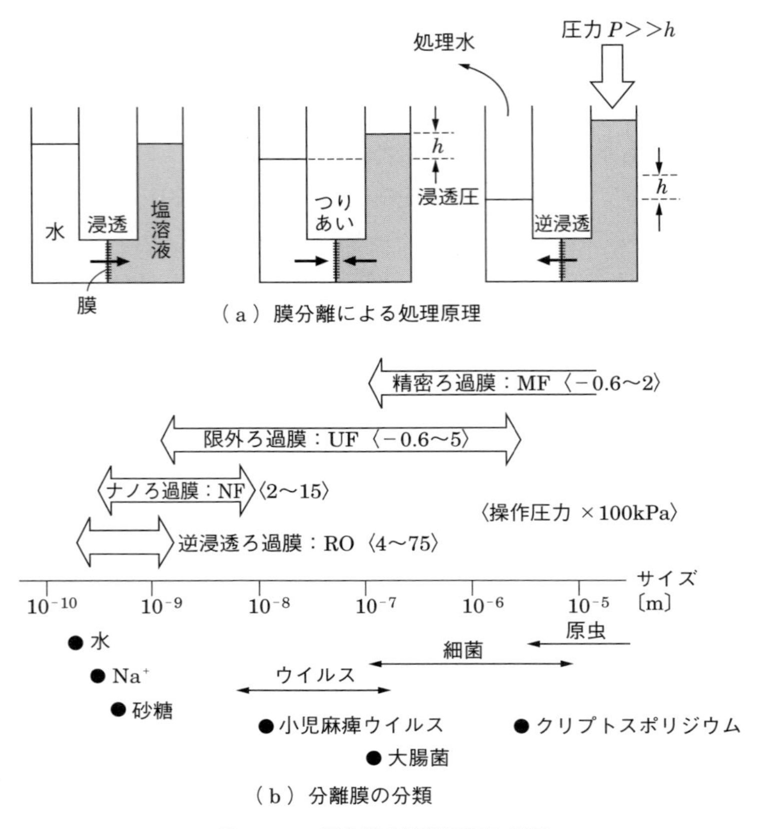

図6・13　膜分離の処理原理と分類
（福田文治：初歩から学ぶ水処理技術，工業調査会，1999）を一部改変

6.8.1　窒素とリンの除去

表6・4でみたように，下水道の多くは標準活性汚泥法によって処理されており，BODの除去が主な処理内容となっている．このため，生活排水中の有機物質の除去には効果的であるが，窒素とリンの除去率は必ずしも大きくない．

表6・8に生活排水処理施設の窒素とリンの除去率を示す．二次処理のみの下水処理では，窒素とリンの除去率はいずれも40%と見積もられ，合併処理浄化槽においても同程度である．一方，し尿処理施設の除去率は，汲み取りし尿を対象としたものであるが，ほぼ100%と高い．

表6・8 汚水処理施設の除去率（参考値）

分類	処理施設	除去率〔%〕		
		COD	窒素	リン
下水道*1	2次処理（活性汚泥法）	80	40	40
	3次処理（硝化脱窒活性汚泥法＋凝集沈殿法＋砂ろ過法）	95	70	90
浄化槽*2	単独浄化槽	61	22	15
	合併浄化槽	80	42	38
	合併浄化槽（窒素処理）	85	67	36
し尿処理施設*3	高度処理	>99	>99	>99

*1 日本水環境学会編：日本の水環境行政，ぎょうせい，2009
*2 流域別下水道整備総合計画制度設計会議編：流域別下水道整備総合計画調査　指針と解説，日本下水道協会，2008
*3 中西弘：し尿処理の進展，水質汚濁研究，14(11)，1991

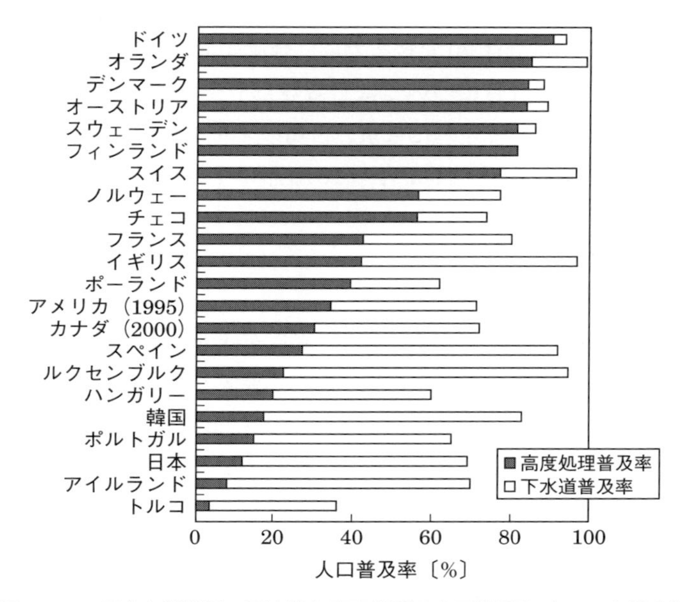

図6・14 日本と諸外国の下水道と高度処理の人口普及率（2006年時点）
（OECD：Environmental data compendium, 2008）より作図

また，日本と諸外国の高度処理の人口普及率を比較すると，国によって事情が異なるものの，我が国の高度処理普及率は12%と低い（**図6・14**）．さらに，「6.5 浄化槽」で述べた高度処理浄化槽の設置基数の少なさも考慮すると，今後のさら

なる窒素，リン除去への対応がのぞまれている．

6.8.2　合流式下水道の越流水

「1.2.3　日本の降水」で述べたように，近年は局地的な集中豪雨の頻度が増えつつあるため，合流式下水道において，降雨時の越流水が無処理で公共用水域へ放流されることは，きわめて重大な問題であると認識されている．したがって，合流式下水道を分流式に転換することがのぞまれるが，コスト面からみると現実的でない場合が多い．このため，既設の合流式下水道の雨水吐きに簡易な処理施設を設けたり，処理場の前に一時的に下水を貯留する施設を設けたりするなどの対策が進められている．

そして，2003年に改正された下水道法施行令では，170の中小都市では10年後までに，21の大都市では20年後までに，合流式下水道に対する対策を完了することとしている．これらについてはおおむね十分な対策がなされ，たとえば「6.3.2 下水の排除方式」で述べた東京お台場のオイルボール漂着は，2001年～2003年の年平均8 780 Lが，2009年～2013年の1 990 L，2019年～2021年の20 Lにまで減少したとされている．

6.8.3　河川流量の低下

大規模な下水道のある流域では，河川の流量が低下するという問題が指摘されている．これは，流域内の水の多くが，管路で流域の最下流端にある下水処理場に集められるので，途中の河川へ入らないことによる．**図6・15**では，多摩川支流の野川の流量と下水道普及率，それに河川のBOD水質の経年変化を示している．野川流域では，下水道普及率が1980年代頃から着実に上昇し，それに伴って河川のBOD水質は低下しているが，同時に河川の流量も顕著に低下している．このことは，地下水の涵養（かんよう）や流域蒸発散などといった，本来の水循環の経路からはずれてしまう水量の増加を意味しており，生態系や内水氾濫（はんらん）への悪影響も懸念されている．また，「5.6　事業場排水対策（水質汚濁防止法）」で述べたように，事業場などからの排水の水質基準は，公共用水域において，排水が10倍程度に希釈されることを前提としているが，河川流量が少ないと，この前提が成り立たないことになる．

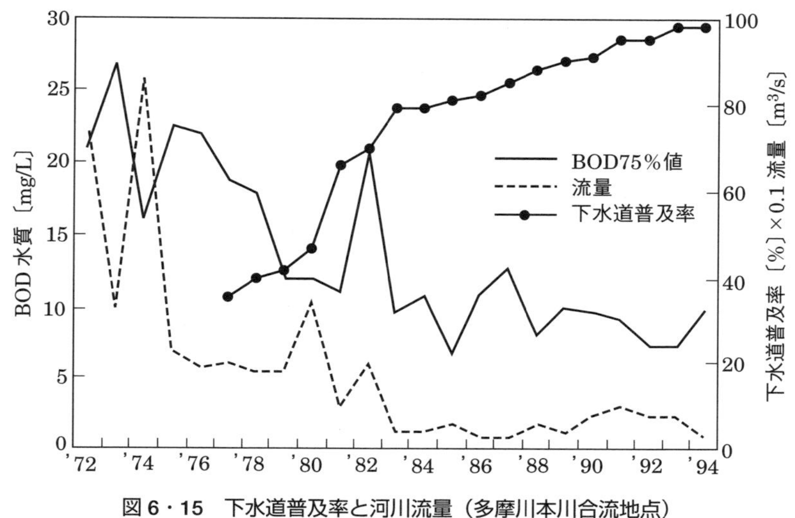

図 6・15　下水道普及率と河川流量（多摩川本川合流地点）
（環境庁（現　環境省）編：日本の環境対策は進んでいるかⅢ，大蔵省印刷局，1999）

このようなことから，7 章の「7.6.4　市街地の面源対策」に述べるような貯留・浸透施設を用いて，市街地に降った雨水をできるだけゆっくりと排除させたり，より多くの水を地下に浸透させようとすることが行われている．また，下水処理水を河川維持用水，修景用水，あるいは家庭の水洗トイレの水などに再利用することも考えられている．しかしながら，処理水の再利用の実績は，2022 年の実績で，全国 2 147 の処理場からの処理水量の 150 億 m^3 に対して，約 1.5%の 2.3 億 m^3 とかなり少ないのが現状である．

6.8.4　汚泥の増加と有効利用

本章で述べたように，生活排水処理システムによってきれいな処理水を公共用水域へ放流することができるようになったが，その一方で余剰汚泥が処理場において大量に発生するようになった．したがって，これをどのように処理し，あるいはどのように利活用するかという問題がある．

下水道における汚泥発生量と処理水量を**図 6・16** に示す．汚泥発生量は，処理水量の増加とともに増加しているが，その増加割合は処理水量の増加割合よりも大きい．下水汚泥の処分は，2011 年の東日本大震災の後は埋立が増えたもの

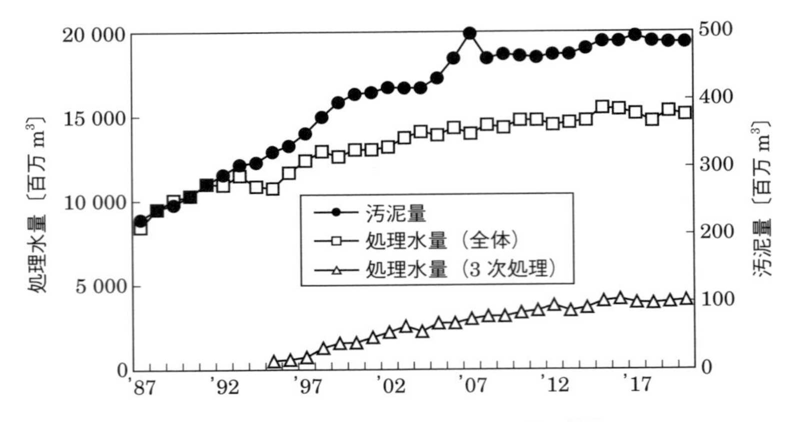

図 6・16　下水道の処理水量と汚泥量の推移

（日本下水道協会：下水道統計，2020）より作図

表 6・9　汚泥堆肥と家畜ふん堆肥に含まれる栄養成分と重金属（参考値）

項　目	単位	汚泥堆肥*1*4	牛ふん堆肥*2*3	豚ふん堆肥*2*3	鶏ふん堆肥*2*3	規制値
窒素（N）	%	2.4	1.9	3.0	3.2	—
リン酸（P_2O_5）	%	3.4	2.3	5.8	6.5	—
カリ（K_2O）	%	0.3	2.4	2.6	3.5	—
ヒ素（As）	mg/kg	4.70	1.46	0.63	1.24	50
カドミウム（Cd）	mg/kg	1.5	0.4	0.5	0.6	5
水銀（Hg）	mg/kg	0.67	0.06	0.09	0.09	2
ニッケル（Ni）	mg/kg	22.0	—	—	—	300
クロム（Cr）	mg/kg	47	—	—	—	500
鉛（Pb）	mg/kg	26.0	9.5	6.6	8.2	100
亜鉛（Zn）	mg/kg	548	258	630	379	(120)
銅（Cu）	mg/kg	237	73	185	43	(125)

規制値以外は出典の平均値.

規制値のうち，ヒ素，カドミウム，水銀，ニッケル，クロム，鉛は「肥料取締法」. 亜鉛は「農用地における土壌中の重金属等の蓄積防止に係る管理基準（環境庁通達）」で土壌 1 kg 中の含有量. 銅は「農用地の土壌の汚染防止等に関する法律」で土壌 1 kg 中の含有量.

*1 日本下水道協会：下水道汚泥の農地・緑地利用マニュアル，2005

*2 農山漁村文化協会：環境保全型農業大辞典①施肥と土壌管理，農山漁村文化協会，2005

*3 折原健太郎，上山紀代美，藤原俊六郎：家畜ふん堆肥の重金属含有量の特性，土肥誌，73(4)，2002

*4 三島慎一郎，川崎晃，駒田充生：下水汚泥コンポストの重金属含有率の傾向と利用における問題点の評価，土肥誌，77（1），2006

の，2021 年度では 168 万トン（乾燥重量）が再生利用され，その内訳はセメント原料（67 万トン）、煉瓦，ブロック等の建設資材（44 万トン），堆肥等の緑農地利用（33 万トン），固形燃料（22 万トン）などとされている．

この中でも特に堆肥は，栄養物質である窒素，リンの循環利用にもなるので関心が高い（**表 6・9**）．しかしながら，豊かで便利な市民生活の拡大に伴って，汚泥や汚泥堆肥には重金属などの有害物質も含まれており，このことは，家畜ふんを用いた堆肥にもいえる．これまでのところ，これらのリスクは，重大な懸念にはつながらないと考えられているが，「1.5　安全からリスクの時代へ」でも述べたように，現在のリスク評価には限界があることもあり，今後のさらなる検討が求められているものもある．

6.8.5　コストの上昇

近年，水道原水の質的な低下に伴って，浄水場の浄水システムはより複雑になり（表 6・1 参照），また，下水処理に関しても窒素，リンの除去や膜分離などのより高度な処理が求められるようになっている．こうしたことは，私たちの生活が豊かで便利になったことの別の側面と理解することもできるが，このような変化に伴って，私たちの生活にかかわる水のコストは上昇している．

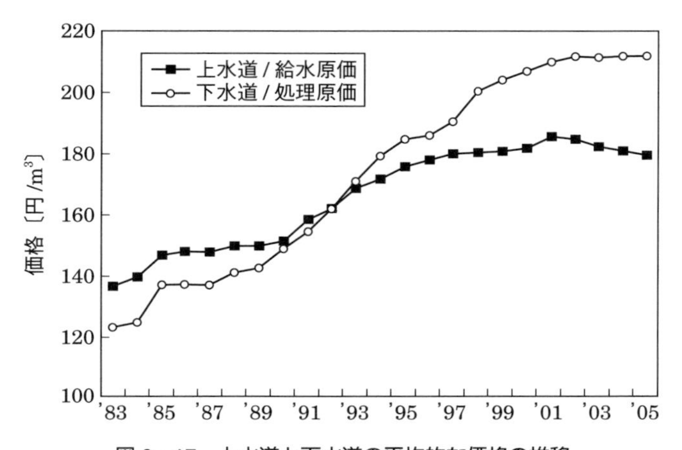

図 6・17　上水道と下水道の平均的な価格の推移
（国土交通省土地・水資源局水資源部編：平成 21 年度　日本の水資源，2009）より作図

図6・17は，上水と下水に関する平均的なコストの経年変化を示している．ここでは，上水道では給水原価であり，下水道では処理原価を用いている．これをみると，近年では上昇傾向が鈍化し，若干の低下もみられる場合もあるものの，2005年の値は，1983年と比較すると，上水道で約1.3倍，下水道で約1.7倍となっている．そして，1990年頃までは下水道の処理原価の方が，上水道の給水原価よりも安かったが，1990年代後半になるとこの関係が逆転していることがわかる．実際には，上水道と下水道で，処理方法や集水（あるいは配水）の仕組みなどが異なるので，ここに示した二つの価格を単純に比較することはやや問題ではあるが，生活者の立場から見ると，近年は使用した水の価格よりも後始末の価格の方が高いという状態にある．

なお，給水原価とは，給水に要した年間の費用を年間有収水量（料金を徴収した水量と他の会計から収入のあった水量）で除した値であり，処理原価とは，汚水処理費用を年間有収水量で除した値である．

演習問題

問1　ある都市の人口が1万人であり，昼夜の移動がないと仮定すると，この都市の居住者に由来する年間の窒素負荷量はいくらか．

問2　ある都市で2次処理人口が8 000人，3次処理人口が2 000人であったが，10年後，2次処理人口が5 000人，3次処理人口が7 000人になった．ここで，2次処理の窒素の除去率＝0.4，3次処理の窒素の除去率＝0.7としたとき（表6・8参照），10年間で減少した放流窒素量（下水処理場から放流される1日当たりの負荷量）はいくらか．

問3　下水処理の過程では，3章の「SS（「3.4　懸濁物質（SS）」）」に似た指標で「MLSS」が使われる．これは何を意味しているか．

問4　下水処理の過程では，1章の「水理学的平均滞留時間（「1.2.1　地球上の水」）」に似た指標で「汚泥滞留時間」が使われる．これは何を意味しているか．

問5　生物学的脱窒法では，汚水中のアンモニアを硝酸に酸化する必要があるが，アンモニア中の窒素1 kgを硝酸に酸化するには，どれだけの酸素が必要か．

7章

面源汚濁の実態とその対策

7.1 面源汚濁とは何か

7.1.1 面源の定義

近年の公共用水域の水質改善は，下水道の普及率の向上（図6・1参照）や，工場や事業場などでの汚水処理，排水の再利用などの工夫にもかかわらず，顕著な改善がみられていない．特にこの傾向は湖沼の窒素，リン，それにCOD（図5・2参照）では重大な問題と認識されている．この原因の一つとして，特に注目されているものに，「面源」，あるいは「非特定汚染源」から排出される汚濁物質がある．「面源汚濁」は英語では，nonpoint source pollution あるいは，diffuse pollution であり，最近ではカタカナ読みでノンポイントソース，あるいはディフューズポリューションが使われることも多くなりつつある．日本語と英語ともに二つの表記があるが，これらに明確な区別はないとされている．本書では，「面源汚濁」あるいは「面源」で統一することとする．

面源とは，流域内での「点源（あるいは特定汚染源：point source)」の余集合とされ，定義がややあいまいである（**表7・1**）．点源とは，工場や事業場，下水処理場，家庭，畜産などをいい，汚濁水が排出するパイプが特定できたり，汚濁源が地図上で点として認識できるものである．そして，多くの場合，汚濁水を排出する前に，何らかの方法で集めることが可能であるので，これを処理して汚

表7・1　点源と面源

発生源	項目	多く使用される単位
点源	家庭	g 人$^{-1}$d^{-1}
	畜産	g 頭（羽）$^{-1}$d^{-1}
	工業	g 工業出荷額$^{-1}$y^{-1}
	商業	g 従業員$^{-1}$y^{-1}
	処理場	浄化率％
面源	山林	kg ha^{-1}y^{-1}, g ha^{-1}d^{-1}
	農地	kg ha^{-1}y^{-1}, g ha^{-1}d^{-1}
	市街地	kg ha^{-1}y^{-1}, g ha^{-1}d^{-1}
	降水	kg ha^{-1}y^{-1}, g ha^{-1}d^{-1}
	地下水	kg ha^{-1}y^{-1}, g ha^{-1}d^{-1}

（國松孝男・村岡浩爾編著：河川汚濁のモデル解析，技報堂出版，1989）を一部改変

濁物質をある程度除去することも可能である．

一方，面源とは点源以外の汚染源をいい，これらをすべてリストアップすることは不可能であり，あまり意味がない．比較的知られている代表的なものに，山林，農地，市街地がある．また，湖沼などの水質を議論する場合には，大気圏から直接汚濁物質をもたらす降水，それに，湖底からの湧出としての地下水が含まれる．

なお，排出される汚濁物質の物質量を「汚濁負荷量」（あるいは「負荷量」，「負荷」とする場合もある）といい，ある時点で面源から排出される負荷量は，多くの場合，次式のように計算される．

[面源負荷〔g/s あるいは mg/s〕]＝[単位換算係数]×[水質〔mg/L〕]
×[流量〔m^3/s，L/s，mm など〕]　(7・1)

また，「6.2　生活排水と処理施設」で述べたように，単位当たりの汚濁負荷量を「原単位」といい，面源では多くの場合，単位面積当たりの負荷量〔$kg\ ha^{-1} y^{-1}$ や $g\ ha^{-1} d^{-1}$〕が用いられる．

7.1.2　面源汚濁の特徴

表 7・2 に面源汚濁の特徴を示す．面源汚濁の特徴は，①汚濁排出の実態がよくわかっていない，②汚濁水の処理や制御が困難である，ということにある．これらは，いずれも面源汚濁の多くが，降雨時の流出によって発生することに原因がある．

表 7・2　面源汚濁の特徴とその理由

特　徴	理　　由
依然として汚濁の実態が不明確	・降雨時に短時間に急激な上昇をみせる ・同一のサイトでも水文条件によって汚濁負荷量が大きく異なる ・同一の土地利用であっても場所によって汚濁負荷量が大きく異なる ・信頼できる基礎データが少ない
汚濁水の処理や制御が困難	・排出水の水質濃度は工場排水などよりも低い ・排出水の流量（降雨時）は工場排水などよりもかなり多い ・汚濁負荷量の急増（降雨時）の予測が困難 ・負荷削減と産業（農林業）との整合性が困難

後述するように，大規模な降雨があると，河川や水路の流量は急激に増加し，それとともに汚濁負荷量も増加するので，このときの汚濁負荷量を正確に測定することが重要である．しかしながら，こうした調査によるデータは，かなり少ないのが実状である．なぜならば，降雨の予測が困難であるので，調査の計画を立てにくく，また，場合によっては調査中に土砂崩れや落雷のような危険に遭遇することもあるためである．また，年間の降水量は，年によって大きく変化するので（図1・5参照），同一地点での長期間（少なくとも3年程度）のデータを収集することが必要である．

なお，面源からの排出水の水質濃度は，工場排水などよりも低く，水量は降雨の影響を受けて一定していないので，点源のように排出する前に処理施設を設けることは，多くの場合，現実的ではないとされている．

7.1.3　面源汚濁の流出過程

河川流域における面源汚濁の流出過程を図示すると，**図7・1**のようになり，現在，以下のような用語が用いられている．まず，「発生負荷」とは，山林，農地，市街地に存在し，流れ出る可能性のある汚濁物質のことである．具体的には土壌

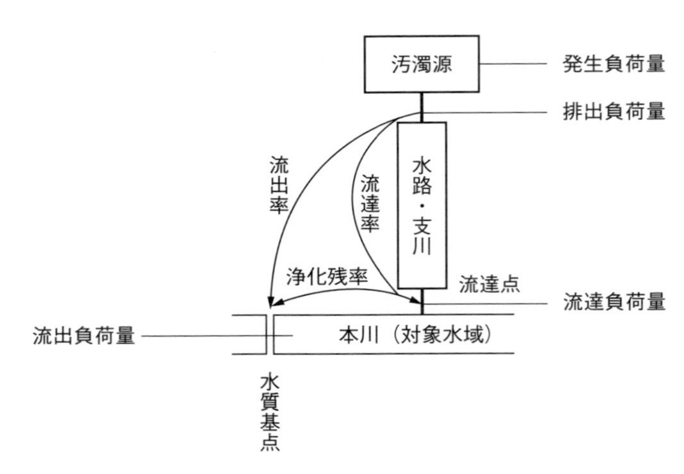

図7・1　面源汚濁の発生と流出

（国土交通省水管理・国土保全局下水道部：流域別下水道整備総合計画調査指針と解説，2015）

や，落葉や落枝（山林），肥料や作物残査（農地），粉じんやゴミ（市街地）などがこれにあたる．また，「排出負荷量」とは，水路や河川などに流れ出る汚濁物質をいい，これが環境基準点などの水質基点のある河川（本川）に到達したものを「流達負荷量」，そして，河川を流下して水質基点に到達したものを「流出負荷量」という．そして，これらの負荷量を用いて以下のような用語が定義されている．

［流達率］＝［流達負荷量］/［排出負荷量］　(7・2)

［浄化残率］＝［流出負荷量］/［流達負荷量］　(7・3)

［流出率］＝［流達率］×［浄化残率］　(7・4)

我が国の河川は急峻で流路が短いため，降雨時に流出する負荷量を考慮すると，窒素，リン，COD の流達率はほぼ 1 とされている．ただし，窒素では脱窒作用があるため，1 より小さい場合もある．なお，ここに述べた「排出負荷量」と「流達負荷量」は，「流出負荷量」とされる場合もあり，必ずしも用語が統一されていない．

7.1.4　面源汚濁の原単位

表 7・3 に，「5.8　湖沼の水質保全対策（湖沼法）」で述べた湖沼の水質保全計画に用いられた，面源の原単位を示す．ある流域から湖沼などへ流入する負荷量を見積もる場合は，山林，農地，市街地などの面積に原単位を乗じて計算することが多いため，原単位はきわめて重要な数値となる．

表 7・3　面源の原単位の参考値〔$kg\ ha^{-1}\ y^{-1}$〕

地目	N			P			COD		
	平均値	最小値	最大値	平均値	最小値	最大値	平均値	最小値	最大値
降水	9.1	6.6	13.1	0.33	0.08	0.52	34.0	24.0	46.0
山林	5.5	1.4	16.2	0.26	0.02	2.03	27.2	11.3	156.7
水田	10.6	5.0	21.7	1.41	0.11	4.60	48.4	4.1	129.6
畑地	29.5	2.4	52.6	0.36	0.20	0.65	−	−	−
市街地	11.9	5.4	16.8	0.83	0.26	1.26	53.1	35.9	65.7

湖沼水質保全計画に係わる原単位
対象湖沼：霞ヶ浦，印旛沼，手賀沼，琵琶湖，児島湖，諏訪湖，野尻湖，釜房ダム，中海・宍道湖，八郎湖（国土交通省水管理・国土保全局下水道部：流域別下水道整備総合計画調査　指針と解説，2015）より作成

しかしながら，表に挙げた数値には，かなり大きな変動幅が見られることがわかる．表中の原単位の最大値と最小値を比較すると，最大値は最小値の10倍以上となっているものも見られる．このことは，同じ地目であっても，汚濁負荷量の多寡に大きな格差があることを意味している．これは，面源から排出される汚濁負荷量は，調査の対象とした面源の立地条件（土壌や植生，営農方法，雨水排除方式など）の影響を強く受けることのほか，それぞれの値の基になった調査での測定精度や測定方法が異なることによる．また，同一の場所であっても，面源から排出される汚濁負荷量は，降水の多い年と少ない年では，大きく異なる場合が多い．

また，ここにあげた数値の多くは，時として晴天時（無降雨時）の100倍以上になるといわれている降雨時の汚濁負荷量を十分に考慮していないものが多いため，現象を過小評価しているのではないか，とする指摘もある．さらにこれと関連して，調査した年代が最近になるものほど，調査精度が向上して原単位が増加する傾向にあるとの指摘もある．

このようなことから，「面源＝ブラックボックス」という認識が広がっており，面源対策を困難にしている要因にもなっている．

以下に，降水，山林，農地（水田，畑），市街地と，河川流域の上流から下流に下る形で面源汚濁の特徴と対策を見ていくこととする．なお，現在のところ，全般的に基礎的なデータの蓄積が十分とはいえないため，ここにあげた調査事例はあくまでも一つの箇所を重点的に調査した結果であって，必ずしもそれぞれの地目を代表するものではないことに注意する必要がある．

7.2 降　水

降水が面源汚濁と認識されるのは，降水負荷が閉鎖性水域である湖沼や内湾に直接降下するものを想定している．山林，農地，市街地などに降下するものは，これらの土地から排出される汚濁負荷のバックグラウンドを与えるものと理解される．

7.2.1 降水の酸性化

現在，降水の水質に関する調査は，大気降下物の酸性化を把握する目的で多くの場所で行われている．しかしながら，これらの調査では，降水中に含まれるイオン性物質（陽イオンの H^+，NH_4^+，Ca^{2+}，K^+，Mg^{2+}，Na^+ と，陰イオンの NO_3^-，SO_4^{2-}，Cl^-）の定量（図 2・5 参照）に重点が置かれているため，湖沼の富栄養化などを考える場合に重要である全窒素，全リン，COD，BOD などのデータは必ずしも多くないのが現状である．

近年の大気降下物の酸性化（**図 7・2**）の主要な原因として問題となっているのは，工場や自動車の排気ガスなどから排出される窒素酸化物（NO_x）とイオウ酸化物（SO_x）である．これらが大気中で，太陽からの光やオゾンの影響を受けて硝酸や硫酸に変化し，強い酸性を示す．そして，これらが降水に取り込まれる経路は二つあるとされている．一つはレインアウト（rainout：雲の中で雲粒や氷晶に取り込まれること）であり，もう一つはウォッシュアウト（washout：雲の下で落下する雨滴や雪片に取り込まれること）である．前者や空気中に漂って季節風とともに移動するものは，国境を越えて長い距離を移動するものもあり，国際的な視点での対策が重要になっている．後者は降水が起こっている場所の大

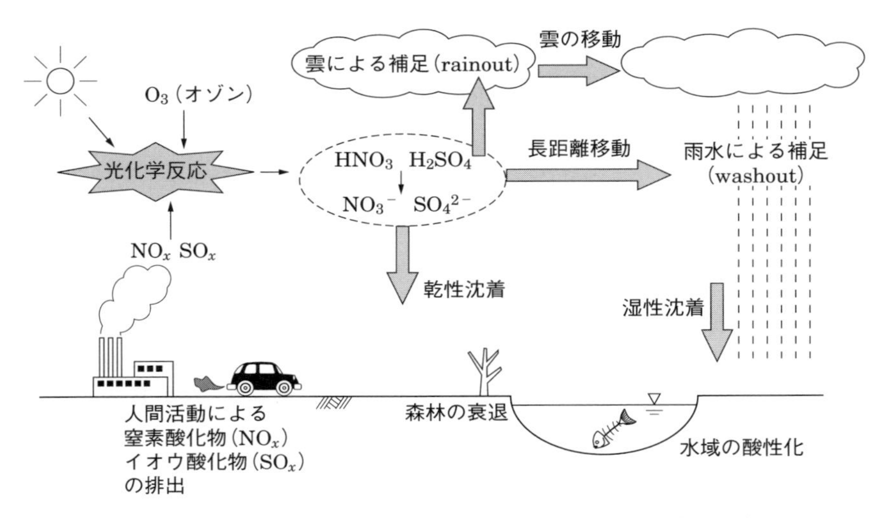

図 7・2　窒素酸化物とイオウ酸化物による環境の酸性化（概念図）

気の状態を反映しているといえる．降水中のSO_4^{2-}とNO_3^-は，2章の「2.2.2 降水中の酸と塩基」で述べたように降水の酸性度を把握する重要な指標であるが，湖沼の富栄養化の観点から考えると，特に降水のNO_3-N濃度の上昇の影響が懸念されている．

7.2.2 降水の水質

表7・4に，全窒素や全リンも測定している降水の水質測定事例を示す．降水は陸上での人間活動による排水を含まないので，栄養塩の水質濃度は低いと考えられがちであるが，リンを除くと必ずしもこの考えは正しくない．全窒素の平均濃度は，1 mg/L程度であり，NH_4-NやNO_3-Nは，そのうちの2割～5割程度を占めている．また，福岡県太宰府市のデータではBOD，CODそれにTOCの有機物汚濁指標の濃度は，2 mg/L前後あり，降水中にも少なからず有機物が含まれていることがわかる．

表7・4　降水水質の測定例〔mg/L〕

測定地点	BOD	COD	TOC	T-N	NH_4-N	NO_3-N	T-P	PO_4-P	測定期間
滋賀県草津市*1	—	—	—	1.02	0.348	0.351	0.031	0.011	21年
福岡県太宰府市*2	1.84	2.73	1.43	1.11	—	—	0.046	—	1年
島根県松江市*3	—	1.7	1.42	0.80	0.181	0.240	0.011	0.005	2年

*1　Kunimatsu，T. and Sudo，M.：Long-term fluctuation and regional variation of nutrient loads from the atmosphere to lakes，Water Science & Technology，53(2)，2006

*2　福岡県太宰府市：松尾宏，桜木建治，永淵修，田上四郎，永淵義孝，佐々木重行：福岡県における降下物汚濁負荷量の変動特性，用水と廃水，37，1995

*3　武田育郎：針葉樹人工林の間伐遅れが面源からの汚濁負荷量に与える影響（II），水利科学，266，2002

このほか，降水の水質については，次のようなことが知られている．すなわち，①降水の水質は，地域的な要因が大きいが，概して都市部では大気汚染物質の影響を受けてこれに関連した水質が高い傾向にある．②酸性降下物の議論でも重要となるNO_3^-やSO_4^{2-}は，季節的変動が大きく，特に冬季には季節風の影響を受けて日本海側で濃度が高くなる．③概して降雨初期の水質は，それ以降に比べて高い傾向にある．**図7・3**のように，NH_4^+，NO_3^-それにSO_4^{2-}では，時間が経過するに従って水質が低下する現象がみられる．これは，降雨初期に大気中に漂っている汚染物質の多くがウォッシュアウトされることが影響している．

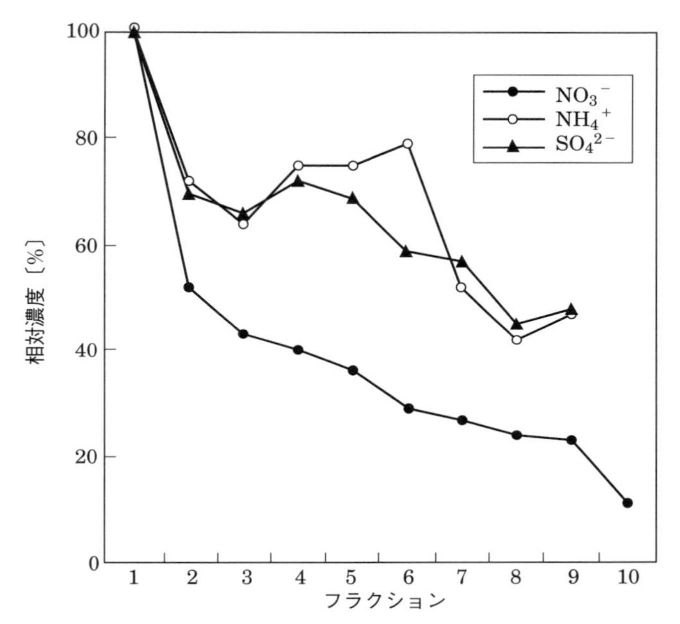

フラクションは降雨 0.5 mm ごとに採取
相対濃度は〔各フラクションの濃度〕/〔No.1 のフラクションの濃度〕の%

図 7・3　降水水質の経時変化

（玉置元則，平木隆年，渡辺弘：大気中の窒素酸化物による雨水の質的変化，大気汚染学会誌，20，1985）より一部を省略

7.3 山　林

7.3.1　山林の水質

山林は，日本の国土面積の約 67% を占め，土地利用形態としては最も面積が大きい．山林の原単位は表 7・3 に示したように，農地や都市域と比較すると小さいと予想されるが，概して河川流域に占める面積割合は大きいので，湖などへ流入する汚濁負荷量の総量は必ずしも小さくない．したがって，山林からの汚濁負荷量についても十分に考える必要がある．

山林では，地表面に到達した水は，腐植を多く含むやわらかな土壌内に浸透し，その中をゆっくりと流れるうちに土壌微生物などによって浄化され，渓流として地表面に現れる．そのため，山林の渓流水は，外観が清澄で水量も比較的安定しており，栄養塩の水質濃度も概して低い．実際，山間部では，山林から取水した渓流水をそのまま飲用に用いている地域もある．このようなことから，山林からの流出水の栄養塩の水質は，水田，畑地，市街地といった場所からの流出水よりもかなり低いと認識されている．しかしながら，こうした認識は主として晴天時の流出水に関するものであり，降雨時には，粒子性成分を掃流して濁水となり，後述するように栄養塩の水質も一時的に上昇することがわかっている．

7.3.2　山林の管理と汚濁負荷量

(1) 人工林と間伐

日本の山林は，その約41％が植林された人工林であり，人工林のうち約7割はスギとヒノキが占めている．これは，主に戦後の大規模な造林計画によって形成されたものである．しかしながら，その後の社会情勢の変化により，こうした山林の管理が十分に行われないところが多くなりつつある．人工林の管理には，下刈り，つる切り，除伐，枝打ち，間伐などがあげられるが，その中でも林業関係者に最も重大な問題であると認識されているものに「間伐遅れ」がある．間伐とは，込みすぎた森林を適当な密度〔本/ha〕にしたり，徐々に収穫するための間引き作業のことをいう．現在，我が国の間伐対象林齢の人工林（民有林）のうち間伐されたものは，約5割と試算されているので，残りの半分は「間伐遅れ」の状態にある．

「間伐遅れ」が進行すると，山林の内部は，林冠が閉鎖して日光が十分に入らないため，昼間でも薄暗くなりやすい（**図7・4**）．そのため，林内の下層植生が貧弱となり，地表面が露出し，表土が流亡しやすい状況となる．また，水質環境の観点から見ると，「間伐遅れ」による下層植生の貧弱化は，生態系の生物（植物や土壌微生物）の多様性を損ない，山林が本来有している水質浄化機能が十分に発揮されないのではないかと考えられる．さらに，表土の流亡は，汚濁負荷量の増加や土壌の劣化にもつながっていると考えられる．このような山林の変化と，近年の湖沼の富栄養化の進行がある程度時代的に符合していることから，人工林の管理を十分に行うことが求められている．しかしながら，こうした山林の管理と水質や負荷量との関係については，あまり調査されていないので，両者の

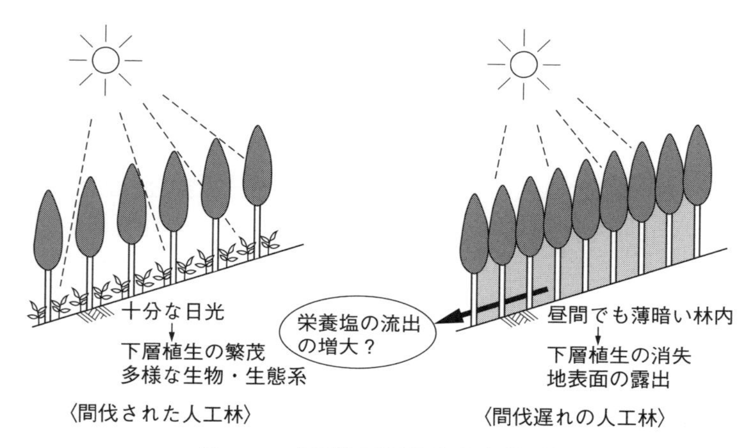

図7・4　人工林の間伐遅れと水質環境

関係についてはよくわかっていないのが現状である．

(2) 間伐遅れの山林からの排出負荷量

図7・5は，(1)「間伐遅れ」のため下層植生が貧弱になった針葉樹人工林の流域と (2) 対照流域として下層植生が旺盛な針葉樹人工林が主体の流域において，降雨時の水質変動を比較したものである．

(a) の事例1では，降雨量は，どちらの流域も 30.0 mm 程度であり，雨の降り方に顕著な差異は見られないが，流量の変動は両流域で明らかに異なっている．すなわち，降雨前の流量は二つの流域でほぼ同じであったが，降雨時には，流域 (1) の流量の方が，鋭敏な変動を示している．そして，この時の水質も，流域 (1) の方が流域 (2) よりも高い傾向にある．

一方，(b) の事例は，降雨量が 80 mm 程度であり，二つの流量ピークの見られる比較的長い出水の測定例である．流量の変動は，(a) の事例と類似しているが，出水の後半では，流域 (2) の流量の増加が著しい．水質の変動は，(a) の事例1と同様に，流域 (1) の方が高い傾向にあるが，出水期間の後半では，前述の流量変動の影響を受けてこの関係が逆転しているものも見られる．

また，**表7・5**は，後述する表8・1の分離型 $\Sigma L - \Sigma Q$ 法で計算した汚濁負荷量を，大きい順に並べ，これらが晴天日の負荷量の何日分に相当するかを計算したものである．流域 (1) では，最も多かった日の負荷量は，晴天日の 260 日分

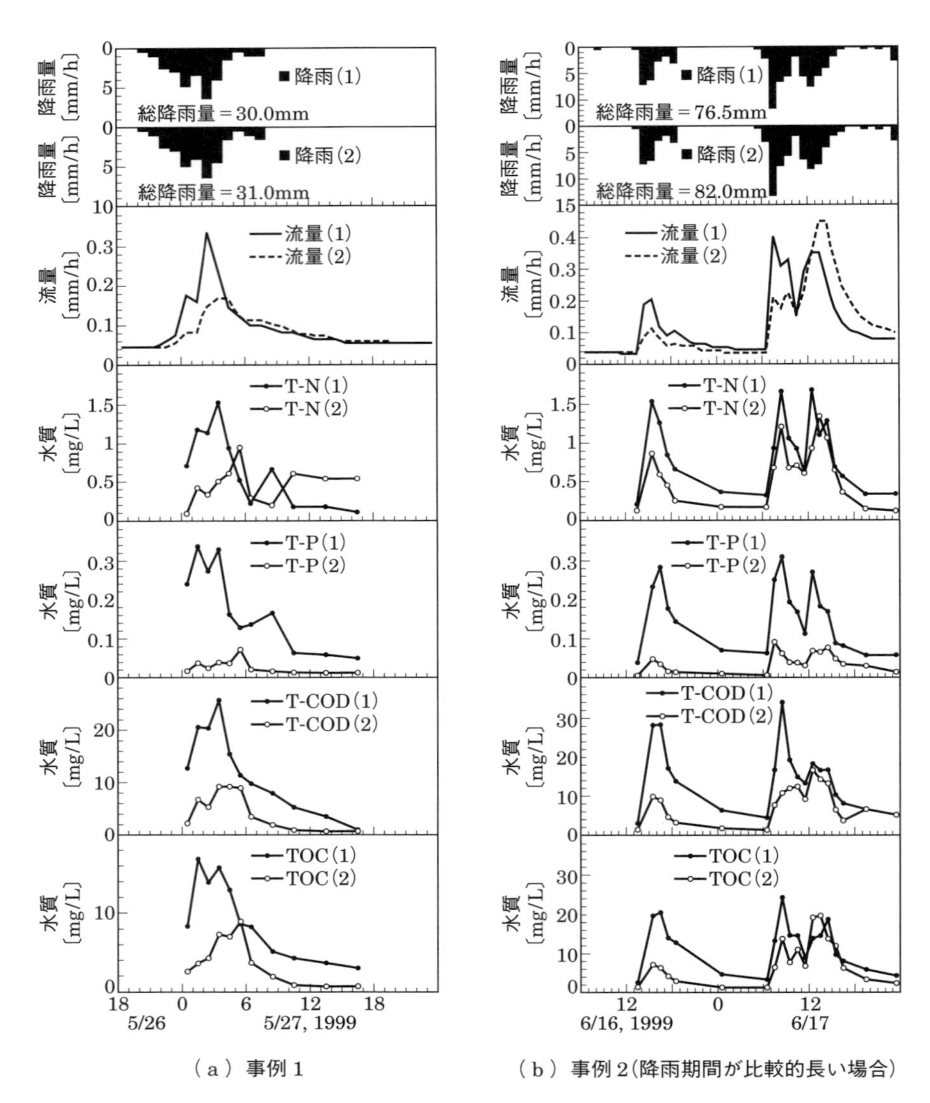

（a）事例1　（b）事例2（降雨期間が比較的長い場合）

(1)：間伐遅れによって下層植生が消失した針葉樹人工林の流域
(2)：対照流域

図7・5　山林流域の降雨時水質変化の測定例

（武田育郎：針葉樹人工林の間伐遅れが面源からの汚濁負荷量に与える影響（II），水利科学 266，2002）を一部改変

表 7・5　山林流域（図 7･5）での上位 5 日の負荷量（全窒素）

日負荷量の順位	流域（1）			流域（2）		
	当日の降水量〔mm/d〕	日負荷量〔g ha^{-1}d^{-1}〕	負荷量／晴天時負荷量の比	当日の降水量〔mm/d〕	日負荷量〔g ha^{-1}d^{-1}〕	負荷量／晴天時負荷量の比
1 位	110.0	712.9	260.1	110.0	104.1	75.7
2 位	16.0	199.7	72.8	40.0	46.3	33.7
3 位	42.0	113.5	41.4	31.0	35.8	26.0
4 位	39.5	61.2	22.3	19.0	30.0	21.9
5 位	55.5	56.5	20.6	39.5	28.9	21.0
（晴天時負荷量）		2.7	1.0		1.4	1.0

〔注〕流量は降雨日以前の降水履歴に影響されるので，当日の降雨量の大小と負荷量の大小の傾向は必ずしも一致しない．
対象期間：1998 年 12 月～1999 年 12 月．
（武田育郎：面源汚濁負荷量把握調査〔山林からの負荷量調査〕，島根県環境生活部受託研究報告書，2000）

表 7・6　山林流域（図 7・5）の年間負荷量（kg ha^{-1} y^{-1}）

項目	流域（1）	流域（2）
T-N	1.784	1.090
T-P	0.316	0.083
COD	26.8	14.7
SS	84.2	40.9

〔注〕分離型 $\Sigma L - \Sigma Q$ 法による 1999 ～ 2006 年の平均値
（武田育郎：間伐遅れの針葉樹人工林からの汚濁負荷流出の経年変化，島根大学生物資源科学部研究報告，2023）

にも達しているが，流域（2）では 75 日分でしかないことがわかる．そして年間の排出負荷量は**表 7・6** のようになる．

こうしたことは，間伐遅れによって下層植生が貧弱になると，降雨に対する流量の変化が鋭敏になり，その結果，汚濁負荷量も増加していることを示すものではないかと考えられている．

また，土地利用の多くが山林で，明確な人口減少がみられるような流域では，人為的な汚濁の減少による水質濃度の低下が期待されるが，必ずしもそのような傾向がみられていないことも報告されている．たとえば**図 7・6** は，こうした流域で週 1 回測定された水質の年間平均値の推移を示しているが，T－N 濃度では

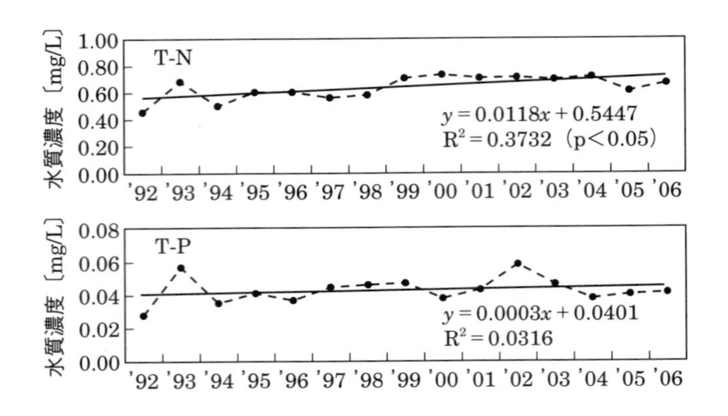

図7・6　人口減少の流域における水質の経年変化（週1回測定サンプルの年間平均値）
（Takeda, I., Fukushima, A. and Somura, H.：Long-term trends in water quality in an under-populated watershed and influence of precipitation, Journal of Water Environment and Technology, 2009）を一部改変

わずかな上昇傾向がみられ，T－P濃度では明確な低下傾向がみられていない．この原因はよくわかっていないが，こうした流域では，山林や農地の管理が十分に行き届かなくなり，栄養分の豊富な土壌が流出しやすくなっていることが考えられる．また，窒素については，降水中の窒素酸化物が増加していることなども懸念されている．

7.4 水　田

7.4.1　日本の水田

日本の2021年の耕地面積は435万haであり，これは国土面積の11.5％を占める．このうち水田は237万haであり，畑地は198万haという構成になっている．農地面積は，1960年代より減少し続け，1965年から2021年までの期間に水田面積は，1965年当時の28％が減少している．

しかしながら，水田は，多くの日本人にとって，ある意味で特別な存在であり，また，さまざまな思い入れのある土地利用形態でもある．その理由として，水田での稲作が古くより我が国農業の根幹であることのほか，水田とそれにかかわる水とのつきあいは，各地でさまざまな文化や習慣をはぐくんできたという経緯がある．また，水田稲作は，永年の連作にもかかわらず，欧米の集約的な農業で問題となっている塩類集積などが起こっていない「持続的な農業」でもある．そして，地下水涵養（かんよう）機能や洪水防止機能，それに条件によっては水質浄化機能といった環境に対するプラスの面もあると考えられていることも理由にあげられる．このようなことから，水田についてはやや詳しく見ていくことにする．

7.4.2 水田をめぐる水

水田における水質や面源負荷を考える前に，まず，水田をめぐる水量の多さを考える必要がある．1章の「1.2.2　日本の水利用」で述べたように，農業用水は我が国の利水量の約64％を占めており，そのうちの約95％が水田の灌漑（かんがい）用水である．しかしながら，こうした大量の水がすべて水田で消費されるわけではなく，その多くが再び河川に戻されることが知られている．河川などから取水された水田用水の行方については諸説があるが，**図7・7**に日本の平均的な水田地域での灌漑期間中（おおむね5月～9月頃で120日）の水の流れを計算した例を示す．

まず，水田地域への水のインプットは，河川からの取水（1 920 mm）と降水（900 mm）である．河川から取水した水はすべて水田に灌漑されるわけではなく，

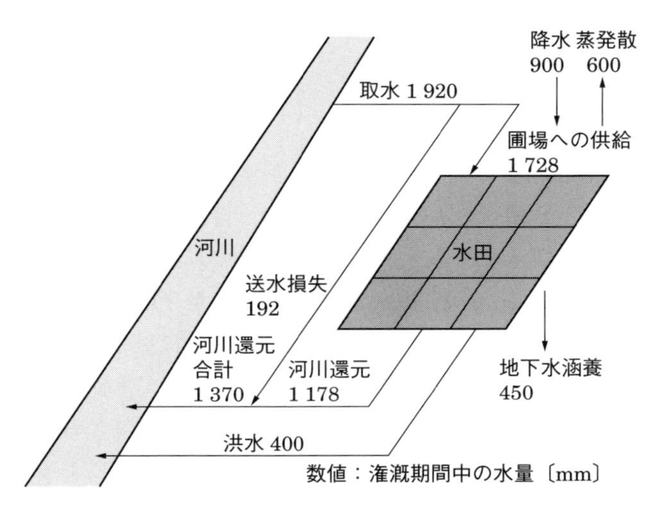

図7・7　水田地帯の水収支の計算例

（伊丹光則，末吉修：農業用水の流域水循環に果たす役割の定量評価，農業土木学会誌，66（12），1998）より作成

用水路の流れを維持するための水量や送水過程での水漏れなどがあるため，実際に圃場（ぼじょう）に灌漑されるのは1 728 mmである．圃場では600 mmが蒸発散として大気圏へ移行し，450 mmが地下水涵養になる．残りの水は，圃場から排水路に流れ出した後，河川に還元される．また，水路での送水損失192 mmも下流地域で表層の水路などに現れると考えると，結局，1 370 mmが河川に還元される．また，洪水流出として短時間に流出する水量は，400 mmと推定されている．

このように，水田では，降水量の約2倍の水の流入と流出があり，水田は，まさに「水の流れ」の中に存在するといえる．そして，流入した水（取水した水と降水）の多くは河川に還元され，再び，下流の水田地域を潤すこととなる．また，地下水涵養にも重要な役割を果たしていることがわかる．

こうした水の流れは，あくまでも平均的な水収支の計算結果であって，実際には，水田の立地する土地の透水性の大小によって，あるいは用水源や灌漑システムによってかなり異なっている．また，旧来からの水利慣行によって，用水や排水のシステムがかなり複雑である場合もある．

なお，最近では用水路に流れている水について，水田灌漑だけでなく，農機具の洗浄や消防，消雪，快適な水辺空間の形成や景観の創造といった「地域用水」としての役割についても考えられるようになり，水田用水を水田灌漑の用途だけで議論できない側面も出てきている．

7.4.3　水田の物質収支

水田における物質収支の概要を**図7・8**に示す．まず，水田における「水の流れ」に着目すると，水田への水のインプットは，降水と用水であり，アウトプットは地表排水と浸透排水である．それぞれの経路で，水質と水量がわかれば，負荷量が計算できる．ここで，流入負荷量は降水負荷量と用水負荷量であり，排出負荷量は地表排出負荷量と浸透排出負荷量ということになる．また，水の流れにかかわらないインプットとして施肥，アウトプットとして水稲による養分の吸収がある．さらに窒素の場合は，窒素固定と脱窒といった大気との交換項が加わることになる．水田が他の面源と異なる最も大きな点は，用水によってもたらされる用水負荷量が，全体の物質収支の中で大きな比重を占めるということにある．なぜならば，前項でみたように，水田用水の水量は降水の2倍程度であるので，

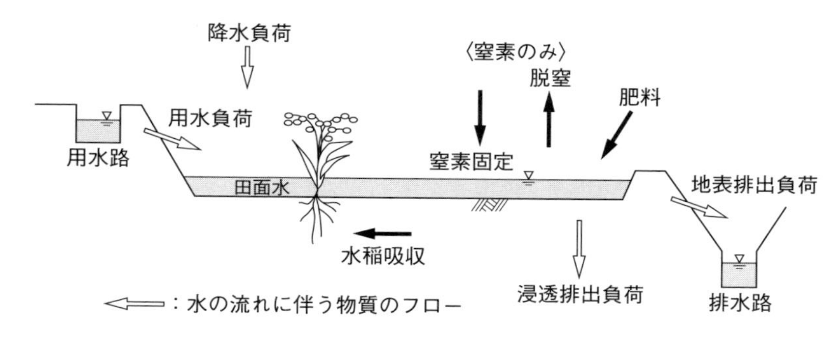

図７・８ 水田における物質のフロー

水田用水の水質が低い場合でも，負荷量は無視できない値となるからである．このようなことから，水田の「正味の排出負荷量」は，次式で表され，大量の水田用水によってもたらされる負荷量を差し引いて計算される．

[正味の排出負荷量]＝[地表排出負荷量]＋[浸透排出負荷量]
－[用水負荷量]　(7・5)

そして，水田の正味の排出負荷量を，単位面積当たりにして，一般化して議論する場合には，これを「原単位」としている．

また，これからさらに降水負荷量を差し引いたものを，「差し引き排出負荷量」といい，「水の流れ」の中での水田の位置づけを議論する場合に用いられる．式で表すと次のようになる．

[差し引き排出負荷量]＝[地表排出負荷量]＋[浸透排出負荷量]
－[用水負荷量]－[降水負荷量]　(7・6)

差し引き排出負荷量の値がマイナスになれば，排出負荷量は流入負荷量よりも小さいので，水田は水質浄化機能を果たしているとされる．逆に，プラスになれば，水田は汚濁発生源として機能していると理解される．差し引き排出負荷量がプラスになるか，マイナスになるかは，同一の水田においても年によってかなり変化が見られる場合もある．概して，降水量の少ない年では，水田内での水の滞留時間が長くなることもあり，差し引き排出負荷量はマイナスか小さい値をとりやすい．一方，降水量の多い年では，降雨時の汚濁物質の掃流の影響で，特に地表排出負荷量は大きくなる傾向にある．

しかしながら，上述の議論で水の流れに関与しない負荷量，特に施肥を考慮し

表7・7　水稲の施肥量と養分吸収量の参考値

項　目	単位	普通収穫水稲	多収穫水稲
窒素施肥量	kg/ha	75	201
窒素吸収量	kg/ha	91	195
リン酸施肥量	kg/ha	75	143
リン酸吸収量	kg/ha	46	100
玄米収量	kg/10a	427	1024

〔注〕リン酸は P_2O_5
（三井進午監修：最新 土壌・肥料・植物栄養事典，博友社，1982）より作成

ないのは不十分であるという考えもできる．しかし，多くの場合，水田では水の流れに伴った負荷量を用いて物質収支が議論されている．その理由は，**表7・7**に示すように，窒素については，水稲の養分吸収量が施肥量と量的にほぼ同程度かそれをやや上回ること，また，リンでは水稲の養分吸収に加えて，施肥リンの土壌への残存が大きいことにある．

なお，これらの負荷量の単位は，kg/haが多く用いられているが，これが年間の負荷量であるもの，灌漑期間中（5月～9月頃）の負荷量であるもの，あるいはそのどちらでもないものが混在していることがあるので，注意が必要である．

7.4.4　面源負荷の影響要因

水田は，用水供給の方法や土壌，栽培方法などによって，さまざまなタイプのものが存在する．これらの水田の「正味の排出負荷量」や「差し引き排出負荷量」がどのくらいの値であるのか，あるいは，どのような条件であれば効果的な水質浄化機能が発揮されるか，といったことについては，現在のところ，あまりよくわかっていない．その理由は，水田における汚濁物質の挙動は，耕作者の農作業，降水などの天候，土壌微生物の生理活性，それに土壌の酸化還元状態などが影響しているので，かなり複雑であることにある．また，水質や負荷量の時間的・空間的な変動が大きいことから，個別の調査事例を一般化することが困難であること，さらに，十分な精度での長期間の実測例が少ないこともその理由にあげられる．

以下に，水田における面源負荷を考える上で重要となる項目のいくつかについ

てみていくことにする.

(1) 降雨時の水質

水田に限らず，面源における降雨時の水質変動を詳しく調査した研究例はあまり多くない．ある水田流域において降雨時の水質変化を調査した結果（**図 7・9**）によれば，粒子性成分を含む全窒素，全リン，T－COD といった水質濃度は，流量ピーク時や流量ピーク前に最高濃度となる場合が多い．これは，排水路や流域内に堆積していた汚濁物質が，出水の初期に流量の増加に伴って掃流されることによるものである．しかしながら，施肥の影響によって，降雨前の排水路の水質濃度が高い場合（図 7・9 の（b）事例 2）には，逆に降雨によって希釈され，濃度の減少が見られる場合もある．

(2) 非灌漑期の水質

水田における灌漑期は，多くの場合 5 月～9 月頃の 5 ヵ月間であるので，非灌漑期は残りの 7 ヵ月間となる．したがって，期間としては非灌漑期の方が灌漑期よりも長い．しかしながら，水田を対象とした水質環境に関する調査では，非灌漑期の水質や負荷量は軽視される傾向にあり，実測データは少ないのが現状である．

非灌漑期には，灌漑用水の供給がないので，水田への水のインプットは降水のみであるが，降水に伴って排出される水の水質はかなり高くなることがある．**図 7・10** に，図 7・9 と同じ水田流域で測定された，2 灌漑期と 1 非灌漑期の水質変動を示す．灌漑期の地表排水や浸透排水の水質は，用水の水質と同程度か，やや高い程度であるが，非灌漑期になると，これらの濃度はかなりの上昇がみられる．これは，非灌漑期には土壌が乾燥して酸化状態となるため，アンモニアの状態で土壌に保持されていた窒素成分が硝酸になり，流出しやすくなること，また，非灌漑期には田面を覆う湛水（たんすい）がないので，降水によって表土が流亡しやすくなることによる．

また，**表 7・8** では，後述する表 8・1 の分離型 $\Sigma L-\Sigma Q$ 法で計算した正味の排出負荷量を，灌漑期と非灌漑期に分けて示す．降雨時や非灌漑期の水質に関する実測データを用いて年間の正味の排出負荷量を計算すると，全窒素で 45.7 kg/ha，全リンで 8.72 kg/ha，T－COD で 98 kg/ha となり，表 7・3 の原単位よりもかなり大きくなることがわかる．ここに示した値は，必ずしも水田からの汚濁負荷

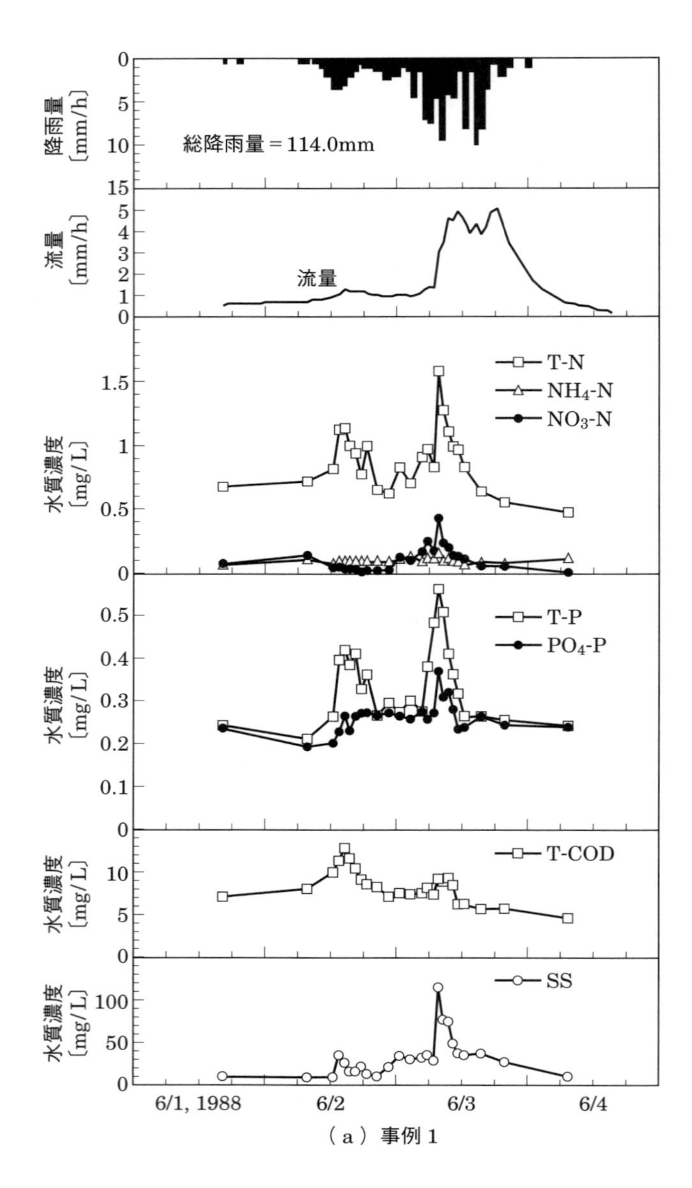

（a）事例1

図7・9　降雨時の水田

（武田育郎，國松孝男，小林慎太郎，丸山利輔：降雨時における

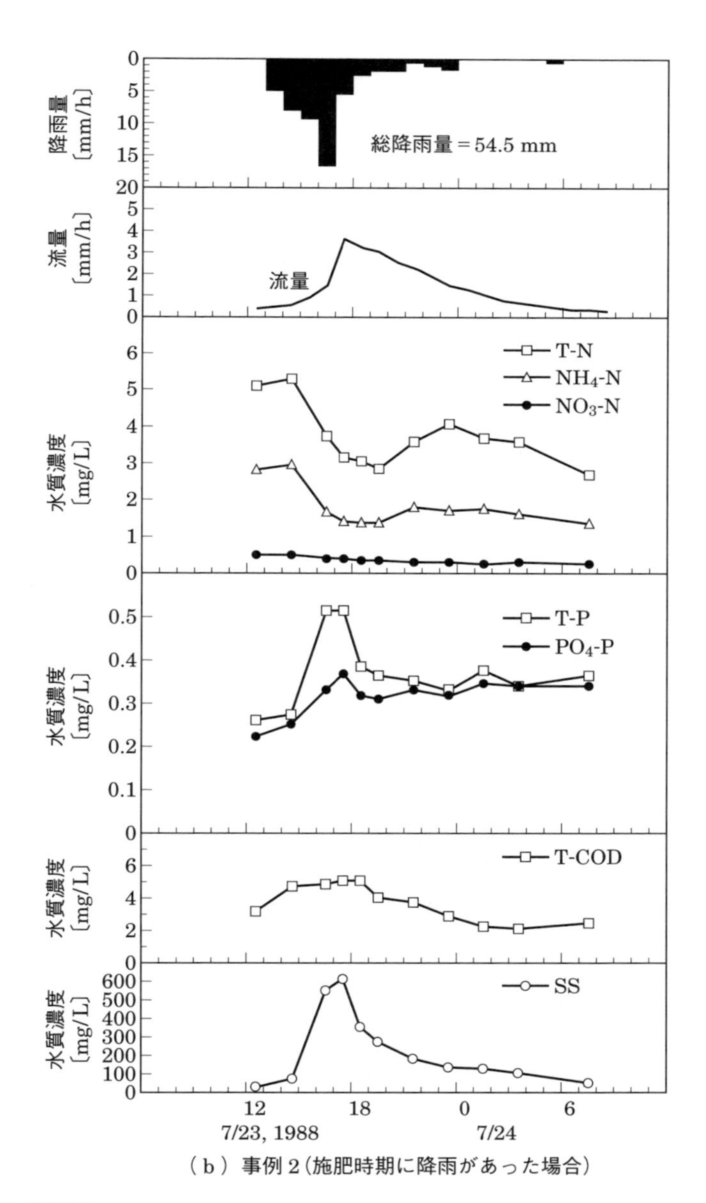

（b）事例 2（施肥時期に降雨があった場合）

地表排水の水質変化

水田群からの汚濁負荷流出，農業土木学会論文集，147，1990）を一部改変

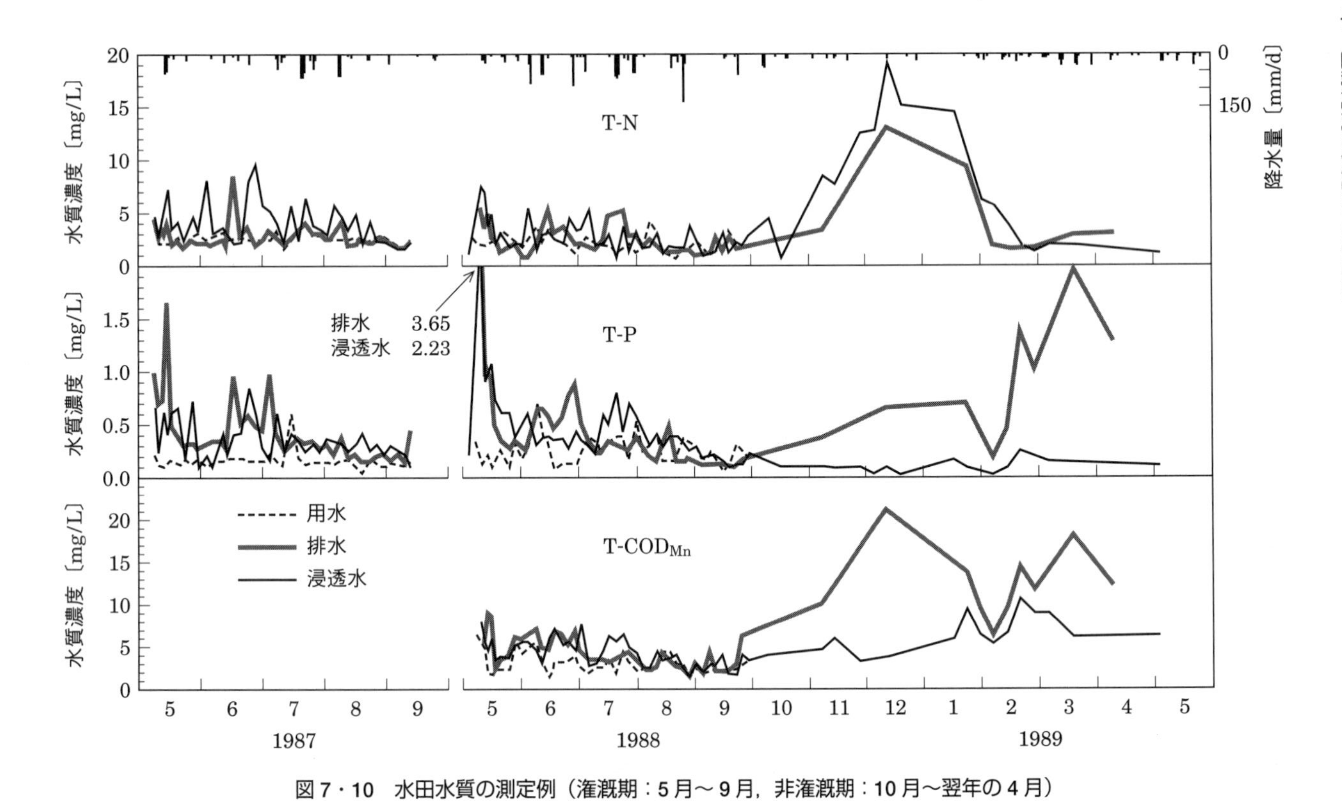

図7・10　水田水質の測定例（灌漑期：5月～9月，非灌漑期：10月～翌年の4月）

（武田育郎，國松孝男，小林慎太郎，丸山利輔：水系における水田群からの汚濁物質の収支と流出負荷量，農業土木学会論文集，153，1991）を一部改変

表7・8　図7・9および図7・10の水田の正味の排出負荷量

項目	湛漑期〔kg/ha〕	非湛漑期〔kg/ha〕	年間〔kg/ha/y〕
全窒素	22.1	23.6	45.7
全リン	7.48	1.24	8.72
T-COD	62	35	98

[原単位]＝[地表排出負荷量]＋[浸透排出負荷量]－[用水負荷量]
湛漑期：5月～9月　非湛漑期：10月～翌年の4月

（武田育郎，國松孝男，小林慎太郎，丸山利輔：水系における水田群からの汚濁物質の収支と流出負荷量，農業土木学会論文集，153, 1991）

量を代表するものではないが，非灌漑期の負荷量は無視できるほど小さくなく，特に窒素では灌漑期と同程度の排出があることがわかる．

(3) 代かき・田植え時期の水質上昇

水田から排出される汚濁負荷は，灌漑初期の代かき・田植え期に集中することが多いので，特にこの時期の負荷量は重要である．代かきとは，田植え前に水田に水を張り，土壌をかく拌する作業で，苗の挿入・活着を容易にし，浸透を抑制するために行われる．これによってかく拌された泥と，代かき前に施肥された肥料（元肥）が，田植え前の強制落水によって，流れ出ることが問題となっている．なお，田植え前に落水するのは，田植機の走行をしやすくするために湛水深を小さくする意図がある．近年は，第2種兼業農家が増加しつつあることから，この代かき・田植え作業が，特定の期間に集中する傾向がある．

(4) 脱　窒

水田から出ていく窒素成分のうち，窒素ガスとなるものが脱窒である．湛水状態にある水田では，水田土層の表層数mmから1～2cmは酸化層であり，それよりも下層は酸素の少ない還元層に分離している．そのため，アンモニアの硝酸化成と，硝酸の脱窒が働きやすい環境にある（**図7・11**）．脱窒反応は，*Eh*（酸化還元電位）が＋400～＋100mV程度になったときに，脱窒菌が硝酸中の化合態酸素を使うことによって起こるが，脱窒菌は通性嫌気性菌であるので，必ずしも還元状態が十分進行しなくても起こりうる．

脱窒反応は，「2.3　酸化と還元」で述べたように，硝酸の窒素ガスへの還元半反応と，有機物の酸化分解という酸化半反応の組合せである（表2・7参照）．

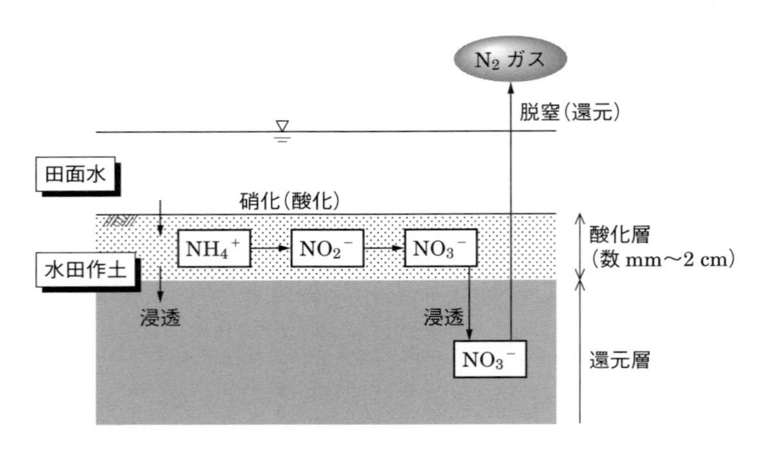

図7・11　水田土壌中の窒素の酸化と還元

脱窒菌の活性は，pH，温度，それに酸化還元状態などに影響され，また，電子供与体としての分解可能な有機物量にも強く影響される．水田における脱窒については，肥料の有効利用の観点からの研究が多く，推定量にかなりの幅がみられるが，一つの目安として，施肥量の約40%という値がある．また，土壌由来の窒素の脱窒も含めると，80 kg/ha という推定値もある．水田で期待される窒素浄化の機構は，この脱窒作用によるものである．

(5) 窒素固定

窒素固定は，単生窒素固定微生物と共生窒素固定微生物とによって起こる．水田で窒素固定を行うのは，主に単生窒素固定微生物のうちの光合成独立栄養微生物群であり，ラン藻類がこれに相当する．水田では，数十年の長期にわたって窒素肥料を施用しなくてもある程度の収穫が得られることが経験的に知られている．こうした場合の水稲の窒素吸収量から土壌窒素の減少量を差し引いた窒素量は，大気圏から固定された窒素によるものであると考えられている．実際の水田での窒素固定量の推定値にはかなりの幅があるが，おおむね 40 〜 80 kg ha^{-1} y^{-1} 程度とされている．

畑地での窒素固定は，単生窒素固定微生物のうちの有機栄養微生物と共生窒素固定微生物によって起こる．このうち，単生窒素固定微生物は，無機態の窒素成分が豊富に存在するところでは窒素固定能が乏しいので，我が国の畑地土壌の窒素固定量はたかだか 20 ～ 30 kg/ha と考えられている．一方，共生窒素固定微生物としてマメ科植物と共生する根粒菌の窒素固定能は高く，110 ～ 220 kg ha^{-1} y^{-1} という値が得られている．

このように窒素固定量は，場合によっては脱窒量に匹敵する量をとりうるため，窒素の物質収支の中で重要な位置を占めている．しかしながら，脱窒と窒素固定を，流域レベルで測定することはかなり困難であるため，汚濁負荷のフラックスと関連させた議論はあまり行われていない．

(6) 水田土壌と水質

我が国の農地の土壌の窒素含量は，0.1 ～ 0.8％であり，水田作土には平均して 0.29％の窒素が含まれている．この量を ha 当たりに換算すると，水田土壌内に含まれる窒素量は 3 ～ 3.5 t/ha となる．したがって，排出負荷量や原単位として議論している窒素量は，土壌中の全窒素量の数％程度に過ぎないことになる．しかしながら，土壌中の窒素のほとんどは容易に移動しない難分解性の窒素である．植物体に利用可能な無機態窒素になりうる易分解性の有機態窒素は，全窒素の 1 ～ 5％程度とされている．水田土壌の易分解性の有機態窒素量は，非灌漑期の土壌の乾燥度合いに依存するといわれ，これが湛水条件下の土壌温度の上昇とともに無機化し地力窒素となる．したがって，この地力窒素の発現量（乾土効果という）や土壌窒素の増減が，水稲の生育のみならず，排出負荷量にも大きく影響することになる．

一方，リンは，土壌中のアルミニウム，鉄，カルシウムと結合して難溶化し，植物に利用されない形態になりやすい．したがって，施肥してもその多くが土壌に吸着するため，リンの施肥量はさらに多くなる傾向にあり，それに伴って，農地土壌のリン酸含量も増加傾向にある．

(7) 灌漑形態

水田は前述のように「水の流れ」の中に存在しているので，灌漑形態が水田からの排出負荷に大きく影響する．概して，灌漑水量が少ない水田では排出負荷量が少ない，あるいは，差し引き排出負荷量がマイナスとなりやすいが，多量の灌漑水をふんだんに使っている水田では排出負荷量が多くなる傾向にある．

なお，水田用水量は，土壌の透水性に強く影響され，水田の透水性を把握する重要な指標に，「減水深〔mm/d〕」がある．これは湛水状態での浸透水量と蒸発散量を表しているが，日本の水田での最適な減水深は，15 ～ 25 mm/d とされている．

7.4.5　水田の面源対策

水田の面源負荷対策（**表 7・9**）は，圃場内の発生負荷を削減させるものと，いったん河川や水路に流れ出た排出負荷を削減させるものに分類できる．

発生負荷を対象としたもののうち，施肥技術に関するものは，肥料効率を上げ，作物に利用されずに水域への排出される肥料成分を，できるだけ少なくしようとするものであり，栽培技術に関するものは，耕起や水管理を工夫しようとするものである．一方，排出負荷を対象としたものは，いったん排出された汚濁負荷をトラップし，自然の浄化機能に期待しようとするものである．

これらの対策は，地域の特性に依存するので，水田の立地条件によってかなり異なってくる．また，これらの対策を複数組み合わせて実施されることも行われ

表 7・9　水田の面源負荷対策

対策の対象	技術・機構	対　策	期待される効果など
発生負荷	施肥技術	施肥量の最適化，減肥	作物に利用されない施肥をできるだけ減少させ，水域に流れ出さないようにする
		側条施肥	田植え時に，苗の近傍に局所的に施肥し，肥料効率を向上させる
		緩効性肥料，被覆肥料	肥料成分の溶出速度を遅らせ，肥料効率を向上させる
	栽培技術	不耕起栽培	代かきをしないので，代かき・田植え期の負荷削減になる
		節水灌漑	水田内での水の水理学的平均滞留時間が長くなる
		代かき・田植え期の落水抑制	代かきから落水までの時間を長くとり，上澄み水を落水させる
排出負荷	自然の浄化機能	循環灌漑	いったん排出した水を，同じ流域の水田に再び灌漑し，脱窒やリンの沈殿を増加させる
		ため池利用	排水をため池で一時貯留して，脱窒やリンの沈殿，生物への取込みを増加させる

ており，いくつかは畑地にも適用することができる．

7.5 畑　地

7.5.1 畑地と水質

(1) 畑地からの窒素の排出

畑地は，日本の農地の約46％を占め，2021年でのその内訳は，普通畑が56.8%，樹園地が13.3%，牧草地が29.9%である．

畑地では，水田のように水を湛水することはないので，土壌は概して酸化的な環境にある．このため，降水や肥料中の窒素成分は，容易に硝酸にまで酸化される．そして，硝酸はマイナスイオンであるため，弱い負電荷をもつ土壌との吸着がほとんどなく，作物に吸収されなかったものは比較的速やかに地下に浸透する．このことから，一般に畑地からの排出水の窒素濃度は高い傾向にあり，特に地下水の硝酸性窒素の濃度上昇が近年の重要な課題となっている．**表7・10**に農村地域における井戸水や湧水の水質を全国的に調査された結果を示す．測定値のうち，水質基準である10 mg/Lを超えるものは，畑地では104点中の約半分の57点であり，最大で67 mg/Lにも達している．水田でも51点中8点が超過し

表7・10　土地利用別地下水の硝酸性窒素濃度

	調査点数	硝酸性窒素濃度〔mg/L〕		水質基準値以上点数
		最低	最高	
山地林地	69	N.D.	3.91	0
台地傾斜林地	38	0.05	2.76	0
草　地	8	0.61	7.16	0
水　田	51	N.D.	39.91	8
畑	104	N.D.	67.98	57
樹園地	19	0.34	35.9	5
施設栽培地	15	N.D.	2.85	0
農村集落	16	0.11	27.89	1
市街地	34	N.D.	22.19	1
その他	10	0.06	6.49	0

N.D.：不検出
（藤井国博，岡本玲子，山口武則，大嶋秀雄，芝野昭夫：農村地域における地下水の水質に関する調査データ（1986～1993），農業技術研究所資料，20，1997）

ているが，これらはすべて近隣の畑地帯の影響を受けているものとされている．

(2) 畑地からのリンの排出

一方，畑地に投入されたリンは，酸化的な条件下で土壌中のアルミニウム，鉄，カルシウムなどと結合して難溶化しやすい．そのため，畑地における晴天時の地表排水や地下水のリン濃度は概してきわめて低く，リンの負荷量が問題とされることはまれである．しかしながら，近年，我が国の農地土壌に含まれるリン（植物に利用可能な画分である可給態リン酸）は増加傾向にあり（**図7・12**），作物栽培に要求されるリンのレベルを超えている所も多いとされている．したがって，大規模な降雨時には，土壌とともにリンが多く流れ出し，リンの負荷量が増加することも考えられる．

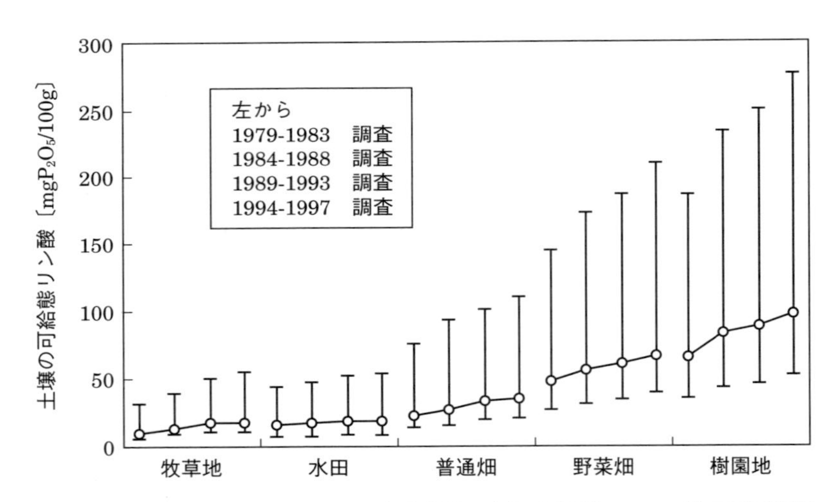

図7・12　日本の農地土壌におけるリン酸含量の変化（全国約20 000地点の測定値．中央値（○）および25%値と75%値）

（小原洋，中井信：農耕地土壌の可給態リン酸の全国的変動，日本土壌肥料学雑誌，75（1），2004）より作図

また，**図7・13** (a) では，約10年間放置されていた傾斜ライシメータのリンの水質変動を示す．なお，ライシメータとは，水収支や物質収支を精密に測定するための土壌槽で，複数のライシメータで施肥量などを変化させると，条件の違いによる影響を把握することができるものである．

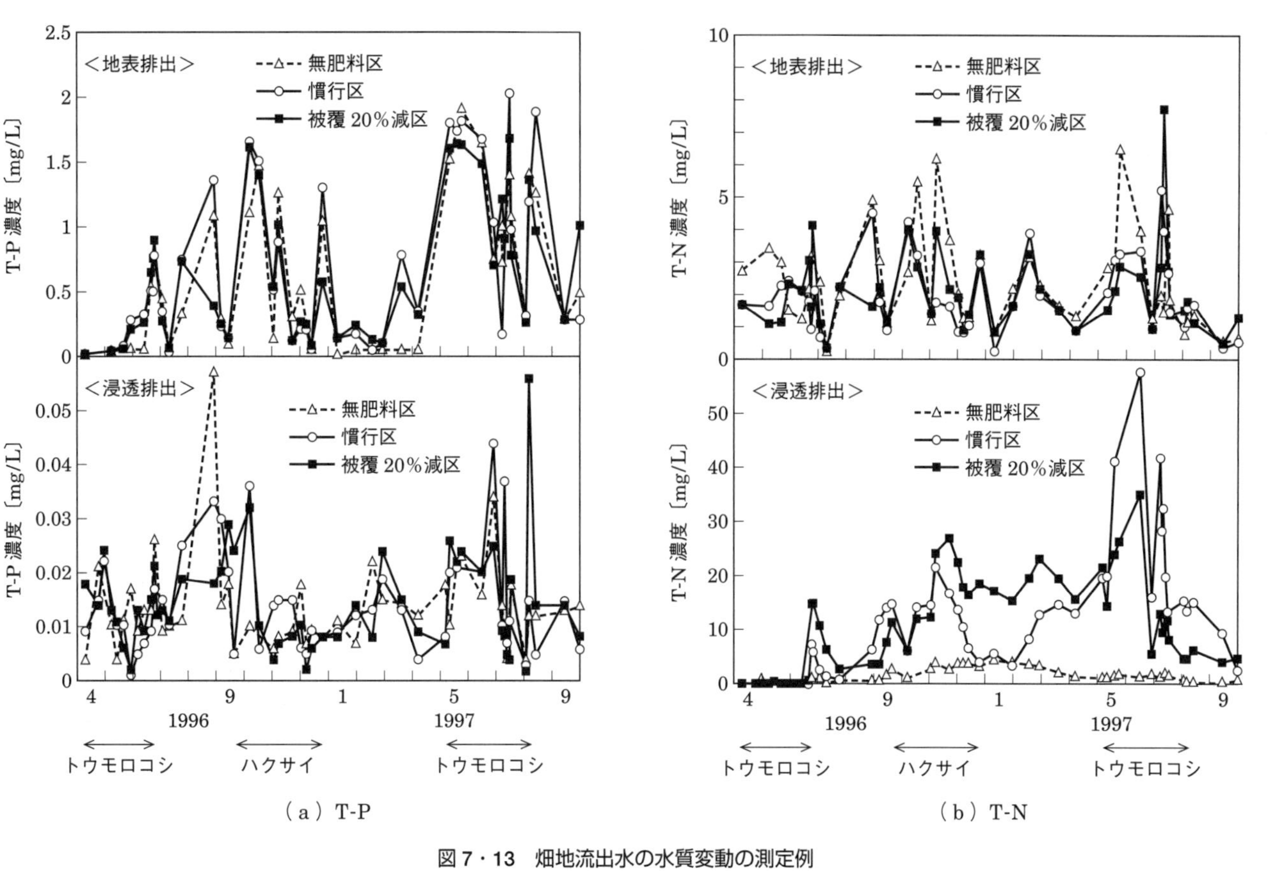

図 7・13　畑地流出水の水質変動の測定例

（成松克彦，武田育郎，福島晟，森也寸志：被覆肥料を用いた畑地からの窒素負荷の流出削減，農業土木学会論文集，198，1998，および 成松克彦，武田育郎，福島晟，森也寸志：畑地からのリンと COD 成分の表面流出，農業土木学会論文集，198，1998）を一部改変

この調査事例では，降水時の排出水をすべて貯留して水質と水量を測定する方法を用いているが，地表排出水のリン濃度は 1 ～ 2 mg/L 程度にまで上昇していることがわかる．こうした濃度上昇は，すべてのライシメータに共通しており，設定した施肥量とは無関係のようである．そしてこのリン濃度の上昇は，ライシメータに共通して投入された堆肥が降水に伴って掃流されたものによると考えられている．本来，堆肥の投入は，土壌生物を豊かにし，土壌の保水性や養分保持力を増進させる役割をもつものである．この事例でリン濃度の上昇がみられた理由は，ライシメータが長く放置されていたため，土壌の保水力や養分保持力に乏しく，堆肥成分が降水時に流れ出てしまったからであると考えられている．このようなことから，耕作放棄地が増加しつつある中山間地域では，管理が行き届かなくなった農地が，リンの排出を多くしているのではないかとする懸念もある．

これに関する知見はほとんど見当たらないが，耕作放棄地を含むいくつかの流域で降雨時に増水した水をほぼ同時刻に採水し，水質を比較した例がある（**図 7・14**）．これを見ると，耕作放棄地の水質は耕作中の水田流域よりも高くなっているものもある．耕作放棄地は表 7・3 の分類になく，面源汚濁の議論からはずれているものの，流域管理の観点からは無視できない存在となりつつあることが考えられる．

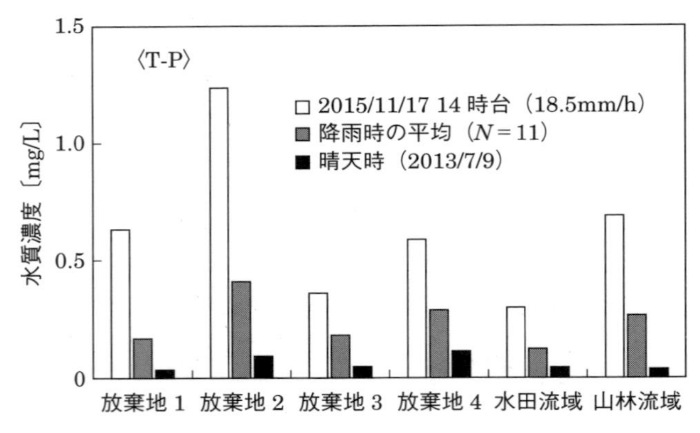

図 7・14　耕作放棄地の降雨時に測定した水質（2013 年～ 2018 年）
（武田育郎・深田耕太郎：降雨時における耕作放棄地からの汚濁物質の流出，島根大学生物資源科学部研究報告，2023）

7.5.2 畑地における施肥量

畑地からの窒素の排出負荷の主な由来は，施肥にある．**表7・11**に標準的な畑地の施肥量をリンとともに示す．畑地の施肥量は，作物の種類や樹齢によってかなり異なるが，概して穀類や豆類では少なく，葉菜や根菜では多い．この中で最も施肥量が多いとされるのは茶樹である．緑茶の品質は，アミノ酸やアミドなどの窒素含有量に大きく影響されるので，窒素含有量を高めるために，肥料が多用されることになり，時として窒素施肥量が1 000 kg/ha以上となる場合もある．

表7・11　畑地での施肥量の参考値〔kg/ha〕

分類	作物	窒素	リン酸	分類	作物	窒素	リン酸
穀類	コムギ	74	40	野菜類	ニンジン	200	150
	トウモロコシ	113	94		ハクサイ	220	150
豆類	大豆	15	56	果樹類	柑橘	110～300	70～250
野菜類	キュウリ	300	150		日本ナシ	60～260	60～320
	ナス	260	150		カキ	40～170	40～200
	スイカ	220	150		モモ	20～90	20～140
	トマト	300	150		ブドウ	60～150	60～190
	ダイコン	200	110	その他	茶樹	400～1000	160～240

（三井進午監修：最新 土壌・肥料・植物栄養事典，博友社，1982）より作成

7.5.3 畑地の窒素施肥量と排出負荷量

これまでに調査された畑地からの窒素負荷量について，窒素施肥量との関係を**図7・15**にプロットした．この図は，それぞれのプロットで調査期間や作物の種類が異なっているが，こうした要因を無視して，単純に負荷量と施肥量をプロットしたものである．これを見ると，窒素の施肥量が多くなるにつれて負荷量も増大する傾向にある．図中のプロットはかなりばらついているが，図の回帰式の傾きから，一つの目安として，施肥量の約30％が系外へ排出されていると考えられる．

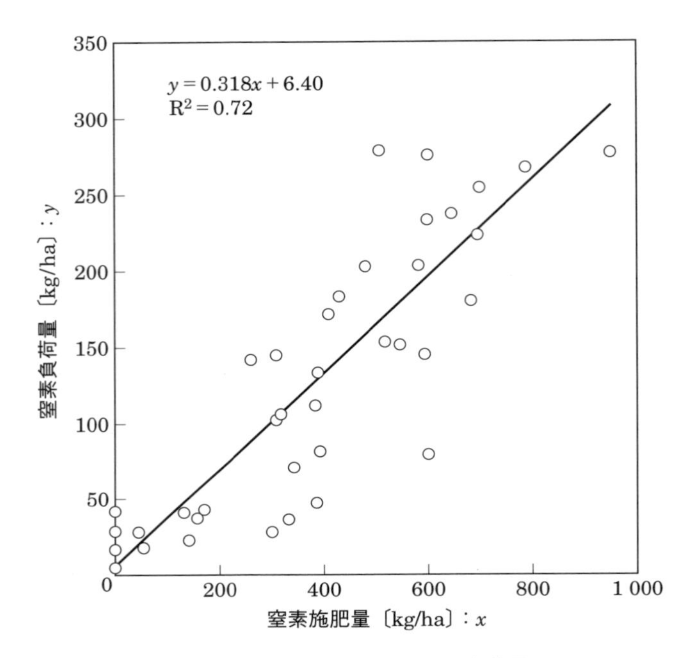

図7・15　畑地の窒素施肥量と負荷量

（武田育郎：農地におけるノンポイント汚染源負荷，水環境学会誌，20（12），1997）にデータを追加して作成

7.5.4　畑地の面源対策

畑地における面源負荷対策については，地下水の硝酸態窒素の上昇が問題となっているため，窒素の排出抑制が主要な関心事である．発生負荷を低減させる方法としては，水田と同様の施肥法の改善のほか，作物栽培のローテーションの中に養分吸収力の大きい作物や，施肥量の少ない作物を導入する方法などが考えられている．

このうち，被覆肥料などを施用し，前述の「7.5.1（2）畑地からのリンの排出」で述べたライシメータを用いた測定例を図7・13（b）に示した．被覆肥料とは，肥料を特殊な膜で覆ったもので，窒素成分の溶出速度をコントロールし，作物の生育に応じて，必要なときに必要なだけの養分供給を可能にするものである．図では，窒素排出の多くは，浸透排水によるものであるが，被覆肥料を慣行施肥よりも20％減少させたライシメータの水質は，濃度上昇がやや抑えられている場合もある．

そして，18ヵ月間にわたる被覆肥料を用いた場合の窒素負荷量は，慣行施肥をした場合よりも約13%削減されたという結果が得られている．しかしながら，作物を栽培していない時期などでは，被覆肥料のライシメータの窒素濃度が，慣行施肥のライシメータよりも高くなっており，すべての期間にわたって期待したとおりにはなっていないという結果になっている．

7.6 市街地

7.6.1 汚濁負荷の排出経路

市街地は，日本の国土面積の約7.7%であるが，人口が密集し，活発な人間活動や産業活動に由来する汚濁負荷が発生する．

市街地における面源負荷の排出経路を**図7・16**に示す．市街地における発生負

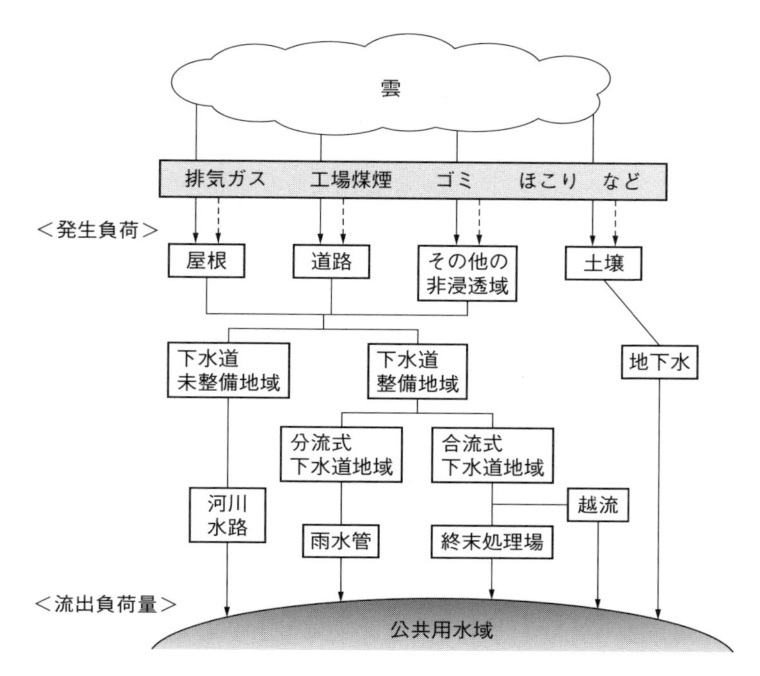

図7・16　市街地の面源負荷の排出経路

荷は，人間活動や産業活動によって発生したゴミやほこりなどのほか，排気ガスや工場煤煙などに含まれ，大気中に漂っている汚濁物質に由来している．これらのうちの一部は地下に浸透するが，市街地では道路や建築物の屋根などの非浸透域の占める割合が大きいので，多くは表面流出とともにして流れ出すことになる．

市街地に特徴的な発生負荷としては，路面や側溝に堆積した路面負荷と，屋根に堆積した屋根負荷がある．これらが降水に伴って合流式下水道や分流式下水道の雨水管，あるいは雨水排除のための河川や水路を経由して公共用水域へ排出することになる．

7.6.2　路面負荷と屋根負荷

市街地における路面負荷と屋根負荷の測定例（平均値）を**図7・17**に示す．これらの負荷は，先行晴天日数（降雨が発生する前の無降雨日数）の長短によって，かなりの変動が見られるが，おおむね次のような傾向が認められる．①高速道路の発生負荷は，一般道路よりも1オーダー程度大きい．②一般道路の発生負荷は，屋根負荷よりも大きい．③屋根負荷では，工業地域と商業地域に大差はないが，住宅地域ではこれらよりも少ない．

路面負荷と屋根負荷の排出は，上述のように晴天時（無降雨期間）に堆積した汚濁物質が掃流されることによるため，降雨初期の排出水の水質は高くなる傾向にある．**図7・18**では，小規模な実験屋根（亜鉛メッキ鋼板製）での屋根雨水の水質の測定例を示す．ここで，「初期雨水」は，降雨開始後の最初の0.5 mmに相当し，「初期カット雨水」は，それ以降の雨による屋根雨水の水質を表している．これを見ると，「初期雨水」のSS，全窒素，全リンの水質は，「初期カット雨水」のそれぞれ，9倍，2倍，4倍程度に相当しており，降雨初期の排出水の水質はかなり高いことがわかる．また，図では示していないが，亜鉛，鉄，銅，鉛それに大腸菌群数なども同様な傾向にある．近年，市街地での屋根雨水を貯留して，雑用水などに利用することが行われているが，このような場合には，降雨初期の屋根雨水は，多くの水質項目で濃度が高いことを考慮する必要がある．

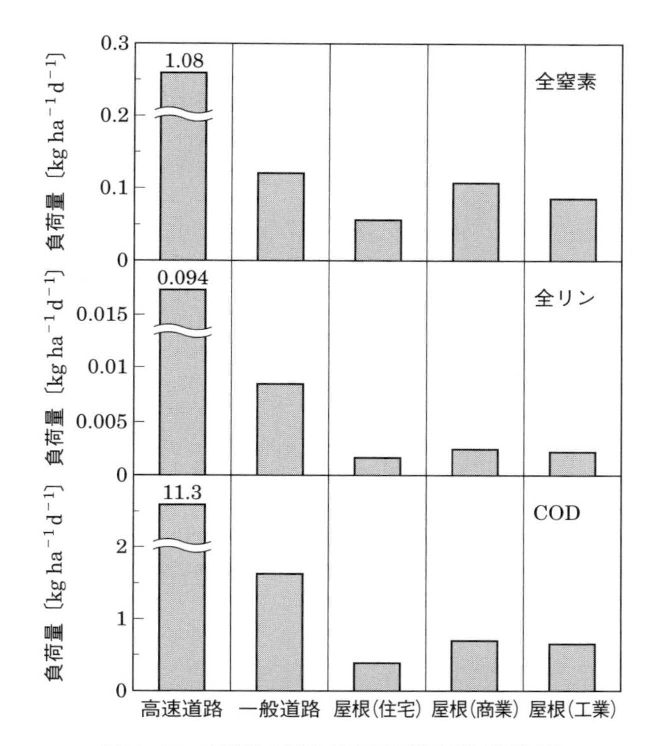

図7・17　市街地の発生負荷量の測定例（平均値）
（堀田清美：合流式下水道の雨天時越流対策，月刊下水道，20（9），1997）より作成

7.6.3　合流式下水道の雨天時排出負荷

現在，都市域の多くで設置されている合流式下水道は，「6.3.2　下水の排除方式」で述べたように，降雨時には終末処理場をバイパスする越流水が発生し，これが無処理で公共用水域に流れ出すという問題がある．多くの場合，下水道計画における時間最大汚水量の3倍を上回る水は，雨水吐きを越流する．**図7・19**に，合流式下水道の降雨時の流量とその水の水質の測定例を示す．都市域では，非浸透域の面積割合が大きいため，出水の初期に路面や屋根などに堆積していた汚濁物質が一気に流れ出すという現象が起こる．これをファーストフラッシュ（first flush）現象といい，流量ピークよりも前に水質が急激に上昇する．

面源汚濁としての合流式下水道の負荷は，雨水吐きからの越流負荷を意味して

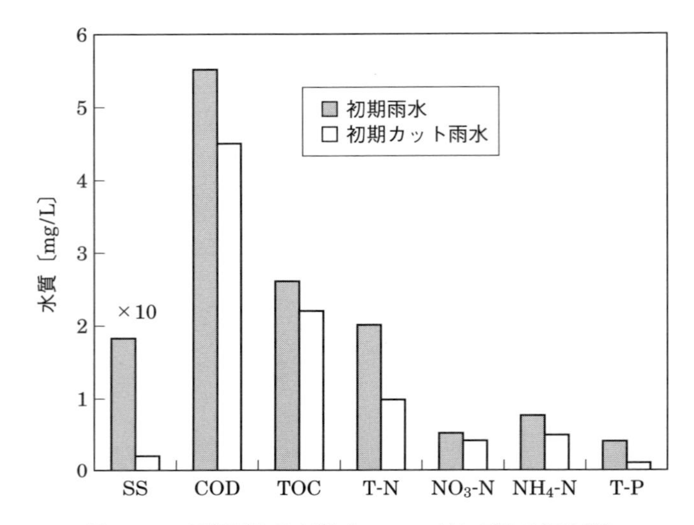

図7・18　屋根雨水の水質（18～38サンプルの平均値）

（井上弥九郎，松原誠，榊原隆，山下洋正：屋根雨水の水質特性，土木技術資料，42（10），2000）より作成

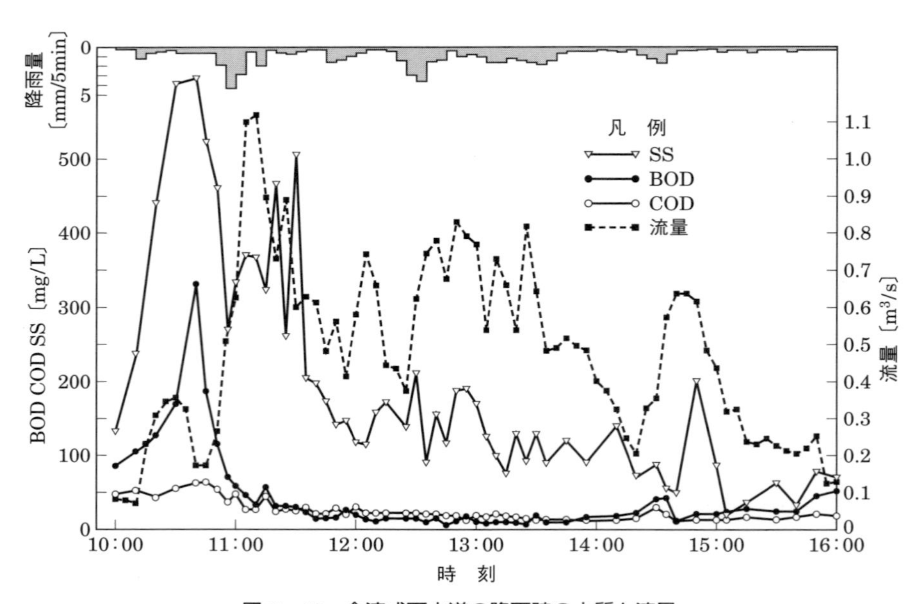

図7・19　合流式下水道の降雨時の水質と流量

（和田安彦：ノンポイント汚染源のモデル解析，技報堂出版，1990）

いる．近年は，汚水量の増加や非浸透域の増加に伴う雨水流出率（＝流出水量／降雨量）の上昇により，わずかな降雨によっても雨水吐きを越流する水量が多くなりつつある．合流式下水道は，たとえば東京区部の約 80％を占めるなど，市街地での雨水排除の主要な方法となっているため，市街地の面源汚濁を考える上での重要な課題となっている．

表 7・12 に，多摩川水系のある都市で測定された，合流式下水道の四つの雨水吐きの越流水の水質を示す．この調査事例では，マンホール内に自動採水器を設置し，降雨時に 15 分～30 分間隔で水質を測定している．この地域の年間の平均降水量は約 1 500 mm，雨水吐きの越流量は降水量の約 25％を占めるとされているので，年間の負荷量を計算すると，BOD＝176 kg/ha，COD＝143 kg/ha，全窒素＝108 kg/ha，全リン＝4.1 kg/ha となり，これらは，表 7・3 に示した市街地の数値よりもかなり大きくなることがわかる．また，1 回の降雨で越流する負荷量は，晴天時の下水処理場から排出される負荷量の，BOD で 12 倍，COD で 6 倍，全窒素で 2 倍，それに全リンで 1.5 倍と推定されている．

表 7・12　合流式下水道の雨水吐き室越流水の水質と負荷量

項目	単位	BOD	COD	全窒素	全リン
雨水吐き A	〔mg/L〕	51	40	6.8	1.0
雨水吐き B	〔mg/L〕	32	24	6.0	0.8
雨水吐き C	〔mg/L〕	48	38	33	1.1
雨水吐き D	〔mg/L〕	41	34	7.7	1.1
単純平均	〔mg/L〕	43	34	13	1.0
加重平均	〔mg/L〕	47	38	29	1.1
負荷量	〔kg ha^{-1}y^{-1}〕	176	143	108.8	4.1

負荷量は，出典中の値（10 年間の年間平均降水量＝1 500 mm，雨水吐き越流量／降水量＝0.25）を用いて著者が計算
各雨水吐き室の水質は越流量による加重平均値．「加重平均」は，雨水吐き室の集水面積による加重平均
（嶋津暉之：合流式下水道の雨水吐き室の流出汚濁負荷量とその削減対策，用水と廃水，38（10），1996）

7.6.4　市街地の面源対策

市街地からの面源負荷対策としては次のようなものが考えられている．まず，発生負荷対策としては，路面や雨水桝の清掃がある．こうした清掃の頻度を高くすることによって，多くの発生負荷を除去することができる．しかしながら，たとえばバキューム方式などの機械によって清掃できない箇所などでは，人力で作業を行わざるを得ないという難点がある．

また排出負荷の対策としては，「雨水貯留」と「雨水浸透」が重要なキーワードになっている（**図 7・20**）．「雨水貯留」とは，雨水貯留施設を設けて合流式下水道からの越流水などを貯留し，これを何らかの方法で処理したり，都市の雑用水などに有効利用しようとするものである．また，前述のように出水初期の排出水の水質は高いので，これを汚水管に導いて，下水処理場で処理するという考えもある．

「雨水浸透」は，透水性の舗装や，浸透トレンチなどを用いて，雨水を土壌に浸透させようとするものである．これらはいずれも，従来は表面流出と雨水管によって速やかに公共用水域へ排除されていた水を，流域のさまざまな場所に分散させてできるだけゆっくりと排除させようとする考えに基づいている．そしてその間に，自然の浄化機能や何らかの人為的な操作によって汚濁物質が除去されることが期待されている．

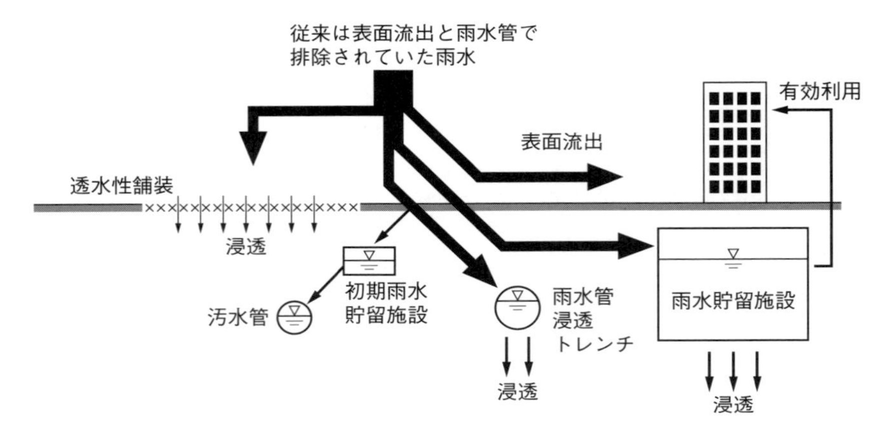

図 7・20　都市域における雨水の貯留・浸透技術（概念図）

演習問題

問1　ある山林流域の窒素濃度の年間平均値が0.5 mg/Lであり，年間の流出水量（流出高）が1 200 mmであった．年間の排出負荷量kg/haを，この2つの値を用いて概算しなさい．

問2　年間の負荷量を〔kg/ha〕，年間の水量を〔mm〕で表す場合，（7・1）式の負荷量を計算する式における［単位換算係数］はいくらか．

問3　ある水田において，灌漑期の水収支とT－Nの平均水質は以下のとおりであった．この数値を用いて，「差し引き排出負荷量（7・6）式」を概算し，この水田は水質浄化機能を発揮したか，あるいは汚濁源として機能したかを判断しなさい．

（水収支：降水量＝900 mm，用水量＝1 700 mm，地表排水量＝ 1 500 mm，浸透排水量＝500 mm，水質：降水＝1 mg/L，用水＝2 mg/L，地表排水＝3 mg/L，浸透排水＝1 mg/L）

問4「植物体に利用可能な無機態窒素になりうる易分解性の有機態窒素（「7.4.4（6）　水田土壌と水質」）」は，農地土壌の窒素の肥沃度を表しているが，これはどのように測定されるか．

問5「植物に利用可能な画分である可給態リン酸（「7.5.1（2）　畑地からのリンの排出」）」は，農地土壌のリンの肥沃度を表しているが，これはどのように測定されるか．

8章
モデルから水環境を予測する

8.1　水環境とモデル解析

水域の水質変化のしくみは，温度や降水量などの気象条件や，微生物活性や動植物の活動などの生物的要因，それに地形や人間活動などの，さまざまな要素が関連しあっているので，きわめて複雑である．一方，流域の土地利用を変化させたり，水質保全上の施策を実行した場合の，あるいは開発行為を行った場合の，水質や汚濁負荷量の変化を予測することが求められる場合がある．また，限られた水質データから，降雨時には晴天時の100倍以上にも増加することもある面源負荷量を推定することが求められる場合もある．このようなときには，複雑な自然現象をモデル化し，これを基に水質や負荷量の推定を行うことになる．

モデルは，複雑な自然現象から所定の要素のみを抽出して，一定の因果関係を想定するものである．したがって，抽出する要素が少ないと，モデルと現象との隔たりは大きく，抽出する要素が多いとその隔たりは小さいといえる．しかしながら，多くの要素をモデルに取り込み，複雑になると，パラメータの数が膨大になり，多くのパラメータをいかにして最適に決定するかという新たな問題が生じる．したがって，**図8・1**に示すように，モデルは，現象との隔たりとパラメータの数との二つの要因から，最適なものを探索することが必要となる．

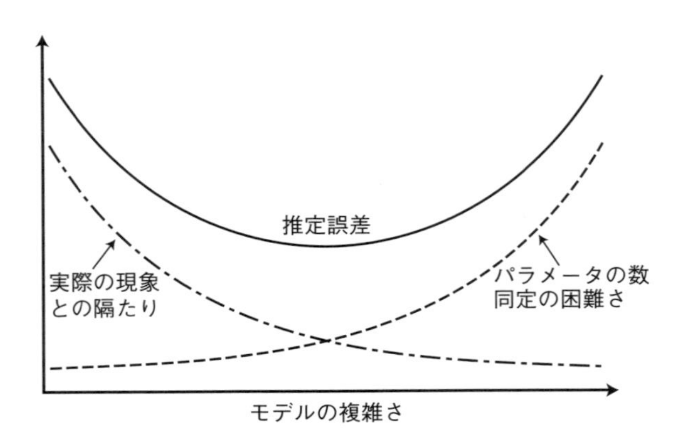

図8・1　モデルの複雑さと推定誤差の概念図

8.2 河川モデル

8.2.1 ストリーター・フェルプスの式

ストリーターとフェルプスが1925年に発表したモデルは，河川モデルの古典的なものであるが，いくつかの改良を加えられて現在も使用されている．有名なストリーター・フェルプス（Streeter-Phelps）の式と呼ばれるものは，河川中の有機汚濁物質と溶存酸素の関係を表し，以下のように導かれる．

(1) 有機物の分解

清浄な河川に有機汚濁物質が排出されたとき，有機物は好気性微生物によって水中の溶存酸素を消費しながら酸化分解される（図3・2参照）．このときの分解速度は次のような1次反応式で表せる．

$$dL/dt = -K_1 \cdot L \qquad (8 \cdot 1)$$

ここに，L：有機物量（「3.5.1　生物化学的酸素要求量（BOD）」のC-BODに相当するもの），K_1：脱酸素係数〔1/d〕である．

ここで，$t=0$のとき，$L=L_0$として積分すると

$$L = L_0 \cdot e^{-K_1 t} \qquad (8 \cdot 2)$$

となる．これより，K_1は有機物の分解速度を表す指標とも理解でき，この値が大きいほど有機物の分解速度も大きいことになる．

ここで，大気との酸素のやりとりを考えなければ，有機物量Lの減少は，酸素飽和不足量（飽和溶存酸素濃度から実際の溶存酸素濃度を引いたもので図8・2のD）の増加を意味するので，Dの時間変化割合は，

$$dD/dt = -dL/dt = K_1 \cdot L \qquad (8 \cdot 3)$$

と表せる．

(2) 大気からの酸素供給

水中の溶存酸素が有機物分解によって次第に減少すると，これと並行して大気から酸素の供給が行われる．酸素の供給は，水生植物の光合成や大気中の酸素の溶解，窒素化合物の還元などによって起こるが，この中で大気中からの酸素の溶解が最も大きい．実際の河川では，これらの要因が複雑に機能するが，総括して以下のように表される．

$$dD/dt = -K_2 \cdot D \qquad (8 \cdot 4)$$

ここに，K_2：再曝気係数である．

(3) 河川水中の溶存酸素濃度の変化

実際の河川では，有機物の酸化分解，すなわち（8・3）式と，酸素の供給，すなわち（8・4）式の作用が同時に起こるので，これらを加えると

$$dD/dt = K_1 \cdot L - K_2 \cdot D \qquad (8 \cdot 5)$$

となり，この式をストリーター・フェルプスの式と呼んでいる．ここで，$t=0$ のとき，$L=L_0$，$D=D_0$ として積分すると

$$D(t) = \frac{K_1 \cdot L_0}{K_2 - K_1}\left(e^{-K_1 t} - e^{-K_2 t}\right) + D_0 \cdot e^{-K_2 t} \qquad (8 \cdot 6)$$

となり，溶存酸素濃度の時間変化を表すことができる．これは，有機汚濁物質が排出されると，有機物の酸化分解によって，はじめは溶存酸素が消費されるが，次第に飽和溶存酸素との差（D）が大きくなると，大気からの酸素の供給があるという現象を表している．このような現象を表したグラフを，「溶存酸素垂下曲線」といい，一例を**図 8・2** に示す．

また，水中の BOD や窒素成分（アンモニア態窒素，亜硝酸態窒素，硝酸態窒素）は，溶存酸素と深い関連があるので，ストリーター・フェルプスの式を拡張し，溶存酸素だけではなく，これらの水質のシミュレーションも行われている．

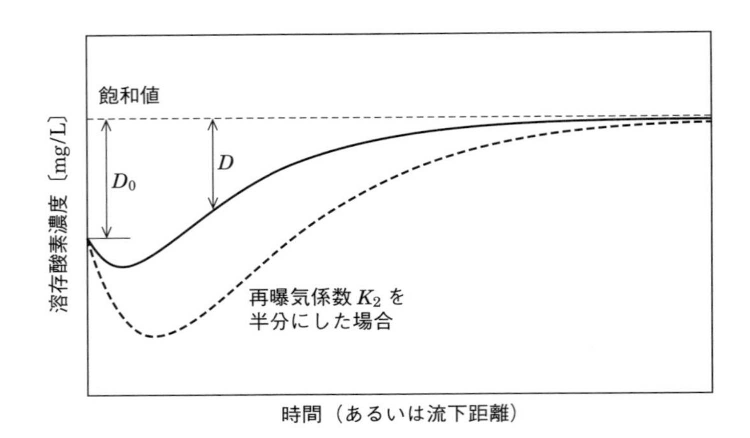

図 8・2　溶存酸素垂下曲線

なお，ストリーター・フェルプスの式は，河川の流れは定常であり，基本的には横方向からの移流のない状態を想定している．したがって，モデルの適用は大陸などの大河川が多い．我が国の河川は流れが急峻であり，また，農業用水の取水などによって，横方向からの汚濁物質の出入りが大きいため，適用例はあまり多くない．

8.2.2 統計回帰モデル

面源から排出される汚濁負荷量を求めるには，「7章　面源汚濁の実態とその対策」で示したような，降雨時の短期的な水質変化を把握することが重要である．しかしながら，調査期間中のすべての降雨について，こうした集中的な調査を行うことは，コストや労力を考えると，非現実的である．したがって，何らかの方法を用いて，測定していない時の負荷量を推定することになる．このような場合，以下に示すような経験的な統計回帰モデルが用いられる．これらのモデルのうち，水文量（降雨量，流量）のみに依存するものの特徴を**表8・1**にまとめた．

(1) 流送モデル

粒子性成分を含む全窒素や全リンなどについて，水質測定時の流量と負荷量を，両対数軸上にプロットすると，**図8・3**のように比較的高い相関を示すことが知られている．両対数軸上で回帰直線を求めると，回帰式は（8・7）式となる．

$$L = a \cdot Q^b \qquad (8 \cdot 7)$$

ここに，L：負荷量，Q：流量，a，b：定数である．

なお，ここで，a は $x = \log Q$，$y = \log L$ としたときの直線の y 切片と同等なものであり，b は直線の傾きを表している．このモデルは，1週間程度の頻度で定期的に測定したデータを用いても，二つのパラメータが最小二乗法で容易に求めることができるので比較的使用頻度が高い．

ただしこのモデルは，以下の多くのモデルと同様，負荷量は流量のみに依存するため，現象を十分に表せないという欠点がある．すなわち，図7・5や図7・9に示したように，降雨時の水質は，流量のピークの前か後かで，同一流量であってもかなり異なるからである．このことを，模式的に図示すると，**図8・4**のよ

表 8・1　降雨時負荷量の統計回帰モデル

方法	L–Q 法 （8・7）式	ΣL–ΣQ 法 （8・9）式	分離型 ΣL–ΣQ 法 （8・10）式	ΣL–ΣR 法 （8・11）式
図	採水時負荷量 （採水時流量 × 水質） 採水時流量	累加負荷量 累加流量 流量 時間	累加負荷量 累加流量 流量 直接流出 基底流出 時間	累加負荷量 累加降水量 降雨量 時間 初期損失
特徴	負荷量は水文量（流量，降水量）にのみ依存するので，水質の季節変化など，水文条件以外の要因は考慮されない.			
長所	計算が簡単で扱いやすい.	降雨時に急激に増加する負荷量を評価できる.	降雨時に急激に増加する負荷量を評価できる.	降雨時に急激に増加する負荷量を評価できる. 流量データの得られない場所での負荷量推定に有用である.
短所	降雨時のヒステリシス（図 8・4）が考慮されない.	出水前の流量によって大きく変化する基底負荷量が考慮されない.	流量の直接流出成分と基底出成分の分離に任意性がある.	降雨–流出系の非線形性が考慮されない.

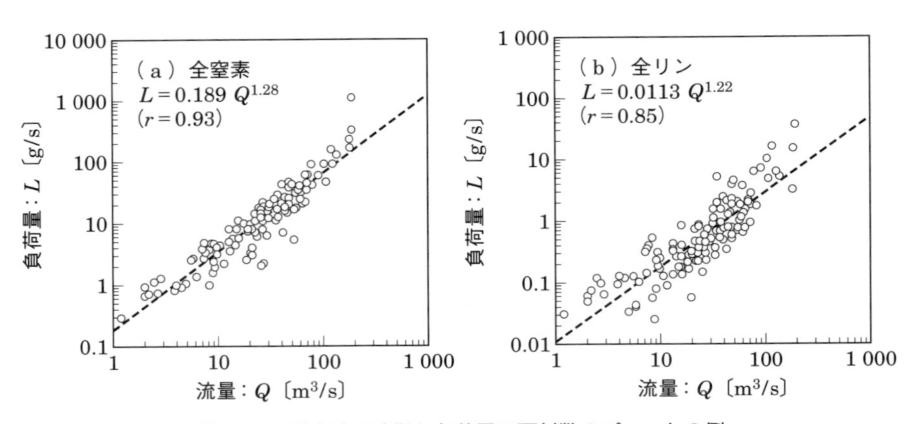

図 8・3　採水時の流量と負荷量の両対数のプロットの例

（武田育郎，福島晟，森也寸志：斐伊川から宍道湖へ流出する汚濁負荷量の推定，LAGUNA，3，1995）

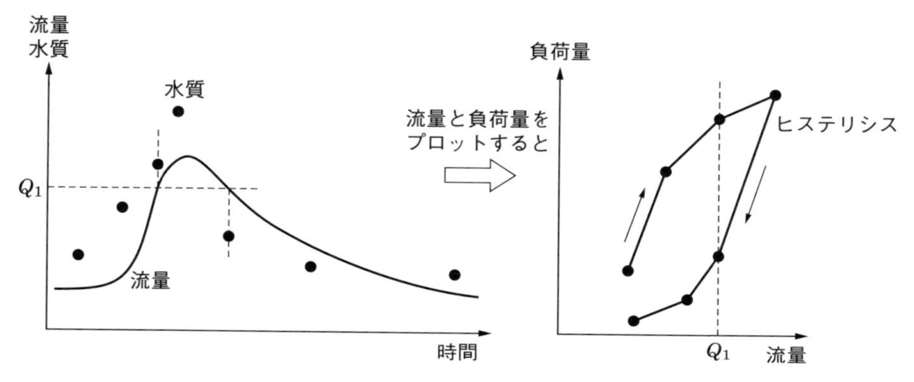

図8・4　出水時のヒステリシス（概念図）

うになる．したがって，出水時の流量と負荷量は，この図のようなヒステリシス（往路と復路で経路が異なること）を描くことが多い．

なお，(8・7) 式の a と b の値は，河川によって異なるので，対象とした流域の特性を表していると考えられる．たとえば，a 値は，流域の人口密度，市街地面積比率が大きいと大きな値となり，森林面積比率や平均流量とは逆の関係にある，とする報告もある．

(2) 流送・堆積モデル

図8・4で示したヒステリシスは，晴天時に流域や河道内に堆積・貯留していた負荷物質の多くが，出水の初期段階に掃流されることに起因している．すなわち，出水が長く続いても掃流されるべき汚濁物質がすでに流れ出していれば，高流量の状態が続いても水質濃度はあまり上昇しない．また，降雨の前の先行晴天日数が長く，汚濁物質の堆積量が多いと，わずかな出水でも排出負荷は大きくなることもある．こうしたことを考慮して，(8・7) 式に，堆積負荷を組み込んだ，流送・堆積モデルがいくつか提案されている．その例として (8・8) 式があげられる．

$$L = a \cdot Q^b \cdot S^c \tag{8・8}$$

ここに，S：堆積負荷（負荷量ポテンシャル），a，b，c：定数である．(8・7) 式と比べると，新たに S と c のパラメータが増え，これをうまく決定することが必要となる．

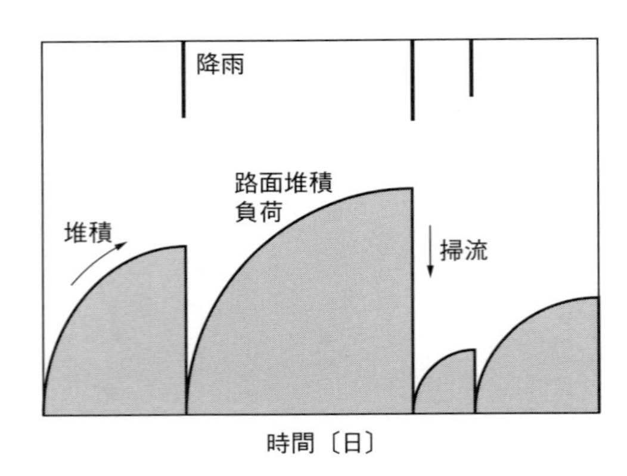

図8・5　路面堆積負荷の堆積と掃流（概念図）

特に市街地では，屋根や路面などの堆積負荷の影響が大きいので，晴天時の堆積負荷の堆積と降雨時の掃流（**図8・5**）をモデルに組み込む場合が多い．

(3) 累加負荷量の回帰モデル

累加負荷量の回帰モデルは，降雨時の1回の出水における累加流量と，その出水による累加負荷量を統計的に回帰させるモデルである．累加流量と累加負荷量を，図8・3と同様に両対数軸上にプロットし，回帰直線を求めると次の式が求まる．

$$\Sigma L = a \cdot (\Sigma Q)^{b} \tag{8・9}$$

ここに，ΣL：1回の出水における累加比負荷量，ΣQ：1回の出水における累加比流量，a，b：定数である．

しかし，(8・9) 式の ΣL, ΣQ には，降雨流出によらない基底流出成分も含まれ，これは先行する降雨の影響で，時期的にかなり大きく変動する．すなわち，出水の前に大きな降雨があった場合の基底流出成分は，そうでない場合の5～10倍に相当していることもある．したがって，(8・9) 式から，基底流出成分を差引いた，直接流出成分の ΣL_{net}，ΣQ_{net} について，同様の式も提示されている．すなわち

$$\Sigma L_{net} = a \cdot (\Sigma Q_{net})^{b} \tag{8・10}$$

である．

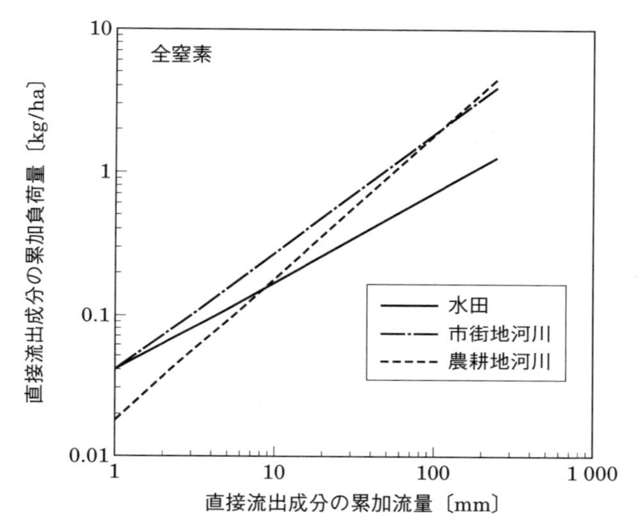

図8・6　累加流量と累加負荷量（直接流出）

（武田育郎，國松孝男，小林慎太郎，丸山利輔：降雨時における水田群からの汚濁負荷流出，農業土木学会論文集，147，1990）を一部改変

図8・6は，全窒素についてこの式を水田（図7・9の灌漑期の水田），市街地河川，農耕地河川で比較したものである．市街地河川と農耕地河川を比較すると，a 値（グラフの切片：$\Sigma Q_{net} = 1\,\mathrm{mm}$ のときの ΣL_{net} の値）は市街地河川で大きく，b 値（グラフ上での直線の傾き）は農耕地河川で大きいことがわかる．このことは，非浸透域の多い市街地では，小規模な出水でも排出負荷が大きくなりがちであり，農耕地河川では，流量増加に伴って多くの負荷が排出すると理解できる．これに対して水田のものは，常時排水があったため，a 値は市街地河川と同程度であったが，b 値，すなわち直線の傾きが小さいことがわかる．これは，灌漑期で湛水状態にある水田では，田面水が地表面を覆っているので土壌侵食に伴う負荷流出が抑えられていることによるものであると考えられている．

また，累加流量 ΣQ の代わりに累加降雨量 ΣR を用いる式もある．すなわち

$$\Sigma L = a \cdot \{\Sigma(R - r)\}^b \tag{8・11}$$

である．ここに，r：初期損失（5 mm）である．初期損失は，降雨のはじめの 5 mm 程度は，土壌に強く保持されて，流出には関与しないであろうとの考えに基づいている．

一般に降雨と流量は比例関係にはないが，(8・9)，(8・10) 式などと同様，高い相関で回帰式が求まる場合が多い．流域で降雨時負荷量を推定しようとする場合，精度よい流量データが得られることはまれであるが，降雨量データは近隣の観測点のデータを入手しやすい．したがって，うまく定数値が決定できれば，この方法はたいへん便利な推定方法として使用することができる．

8.2.3 モデルによる年間負荷量の推定

前項で述べたモデルは，いずれもある程度の水質と流量（あるいは降水量）のデータが必要である．しかし，通常は，精度良く継続的に測定されたデータが得られることはまれである．したがって，これまでは，「区間代表法」によって年間の負荷量を推定することが多く行われてきた．「区間代表法」とは，ある頻度で測定された水質に，試料を採水した時の流量を乗じて負荷量を計算し，この負荷量が測定間隔の前後の 1/2 の期間の負荷量を代表しているとする方法である．

このようにして計算された年間負荷量と，(8・11) 式を用いて計算された年間負荷量を比較したものを**表 8・2** に示す．これによると，(8・11) 式を用いた計算結果では，降雨時の直接流出による負荷量の年間負荷量に占める割合は，70 ～ 90％程度と多く，ほとんどの汚濁負荷量は降雨時に発生していることがわかる．そして，(8・11) 式を用いた年間負荷量は，「区間代表法」の 2 ～ 3 倍程度となっているものが多い．このことは，降雨時の負荷流出を考慮できない「区間代表法」では，流域からの汚濁負荷量を過小評価していることを示している．

このように，負荷量は，計算方法によって結果は大きく異なることがわかる．

表 8・2　$\Sigma \boldsymbol{L}-\Sigma \boldsymbol{R}$ 法と区間代表法による年間の汚濁負荷量の比較

項目	$\Sigma L-\Sigma R$ 法：(8・11) 式		区間代表法	
	①流出負荷量〔kg km^{-2}y^{-1}〕	直接流出の割合〔%〕	②流出負荷量〔kg km^{-2}y^{-1}〕	①/②
SS	6350	88.4	2280	2.79
T-COD	1980	87.4	972	2.04
全窒素	135	72.4	105	1.29
全リン	13.6	89.7	3.76	3.62

(國松孝男，須戸幹：林地からの汚濁負荷とその評価，水環境学会誌，20 (12)，1997) を一部改変

したがって，河川において負荷量を議論する場合は，負荷量の計算方法を明記しておくことが必要である．また，他の調査結果と比較する場合も，水質の測定頻度が極端に低い場合はいうまでもないが，負荷量の計算方法に大きな差異がある場合は，厳密な議論にならないことに注意する必要がある．

8.3 流域モデル

流域モデルでは，流域内での汚濁物質の挙動を定式化し，流域の状態が変わったときの水環境の変化などを予測する．そして近年は，地理情報システム（geographic information system：GIS）機能を利用した解析も多く行われるようになった（**図 8・7**）．GIS では，幾層もの透明な地図シート（レイヤー）に，人口，土地利用，営農などの情報を載せ，これらを重ね合わせることによって，さまざまな観点から流域情報を抽出することができる．そしてこうした情報は，支流域の単位で整理されたり，流域を分割する小さな正方形のメッシュに与えられたりする．最近は，コンピュータ能力の向上もあり，レイヤーに多くの情報を載せて処理することが可能になってきた．

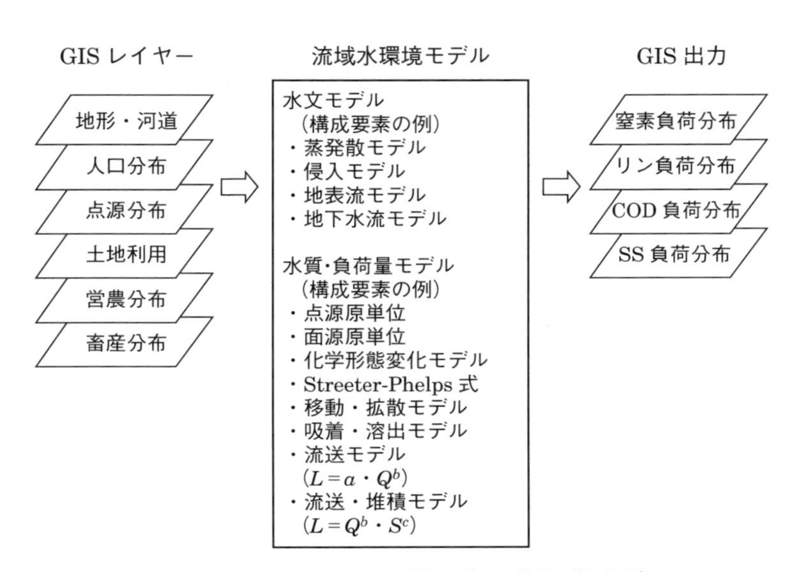

図 8・7 GIS を利用した流域モデルの構造（概念図）

なお，流域モデルでは，水質・負荷量のモデル解析を行う前に，流域内での水の動きを水文モデルで再現する場合が多い．この水文モデルとは，水文学の知見に基づく水量モデルであり，蒸発散モデル，侵入モデル，地表流モデル，地下水モデルなどがある．また，河川の流量予測には，キネマティックウェーブモデルやタンクモデルなどが使われることが多い．

水質・負荷量モデルの構成要素の例としては，以下のようなものがある．すなわち，「7.1.4　面源汚濁の原単位」で述べた山林や水田などの原単位を支流域やメッシュに与えて物質収支を考えるもの，「2.3　酸化と還元」や「4章　物質循環から水環境を考える」で述べた化学変化を組み込むもの，「8.2.1　ストリーター・フェルプスの式」で示した式を用いるもの，そして，「8.2.2　統計回帰モデル」で示した流送モデルや流送・堆積モデルを用いるものなどである．

そしてこれらの計算結果は，たとえば，汚濁負荷量の流域内での分布などとして，GIS情報として出力される．このようにすると，視覚に訴える解析結果が得られるものの，解析の精度は，前提条件や各種パラメータ（原単位の数値，ストリーター・フェルプス式の再曝気係数，流送モデルの定数など）の設定の妥当性に依存することになる．また，水文量の変動幅は水質の変動幅よりもはるかに大きいので，モデルによって計算される負荷量の多寡は，水質・負荷量モデルの計算結果よりも，水文モデルの計算結果に影響されることが多い．

8.4 湖沼モデル

8.4.1　ヴォーレンワイダーのリン負荷モデル

湖沼の富栄養化を表すリン濃度の年平均値を，湖沼の水理特性とリンの流入負荷量から予測するモデルの一つに，有名なヴォーレンワイダー（Vollenweider）のリン負荷モデルがある．このモデルは，湖沼におけるリンの物質収支に基づいた経験的なモデルであり，構造がシンプルであるにもかかわらず，予測値と実測値は比較的よい相関を示す．

湖沼を一つの容器であると仮定すると，湖沼内のリン濃度の変化割合は次のようになる．

$$\frac{d[\mathrm{P}]}{dt}=\frac{1}{\tau_\mathrm{W}}[\mathrm{P_{in}}]-\frac{1}{\tau_\mathrm{P}}[\mathrm{P}] \qquad (8 \cdot 12)$$

ここに，[P]：湖水の平均全リン濃度〔$\mathrm{mgP/m^3}$〕，[$\mathrm{P_{in}}$]：流入水の平均全リン濃度〔$\mathrm{mgP/m^3}$〕，τ_W：水の湖での滞留時間〔y〕，τ_P：リンの湖での滞留時間〔y〕である．

ここで，定常状態を仮定すると，$d\,[\mathrm{P}]/dt=0$ だから

$$[\mathrm{P}]=\frac{\tau_\mathrm{P}}{\tau_\mathrm{W}}[\mathrm{P_{in}}] \qquad (8 \cdot 13)$$

となる．ヴォーレンワイダーは，$\tau_\mathrm{P}/\tau_\mathrm{W}$ を

$$\frac{\tau_\mathrm{p}}{\tau_\mathrm{w}}=\frac{1}{1+\sqrt{\tau_\mathrm{w}}} \qquad (8 \cdot 14)$$

と近似し，水量負荷を $qs\,[\mathrm{m^3\,m^{-2}\,y^{-1}}]$，リンの年間負荷量を $L(\mathrm{P})\,[\mathrm{mgP\,m^{-2}\,y^{-1}}]$ として，湖沼のリン平均濃度を以下のように推定できるとした．

$$[\mathrm{P}]=\frac{L(\mathrm{P})}{qs}\cdot\frac{1}{1+\sqrt{\tau_\mathrm{W}}} \qquad (8 \cdot 15)$$

8.4.2 湖沼生態系モデル

湖沼での複雑な水質変化を予測するモデルに，湖沼生態系モデルがある．湖沼生態系モデルでは，基本的には完全混合槽を想定し，対象としている水塊には濃度分布が存在しないものとして扱う．ダム湖などのような小規模な湖沼では，湖沼全体を一つの完全混合槽とするが，多くの場合，いくつかの部分に分割し，その中では完全混合されるものとしている．また，一次生産者である植物プランクトンにとっては，日光の有無が特に重要であるので，有光層と無光層で，起こりうる現象を別々に考える．

湖沼生態系モデルでは，**図 8・8** のような，植物プランクトンと動物プランクトンについて，栄養塩の取込みや，枯死，分解，排泄などを定式化する．また，隣接するボックス間で移流があり，さらに，沈殿して底質として堆積したり，逆に底質からの溶出を考慮する．

こうした現象を定式化すると，多くの複雑な微分方程式と，これらに付随するさらに多くのパラメータを考えることになる．たとえば，有光層（体積 V）の溶

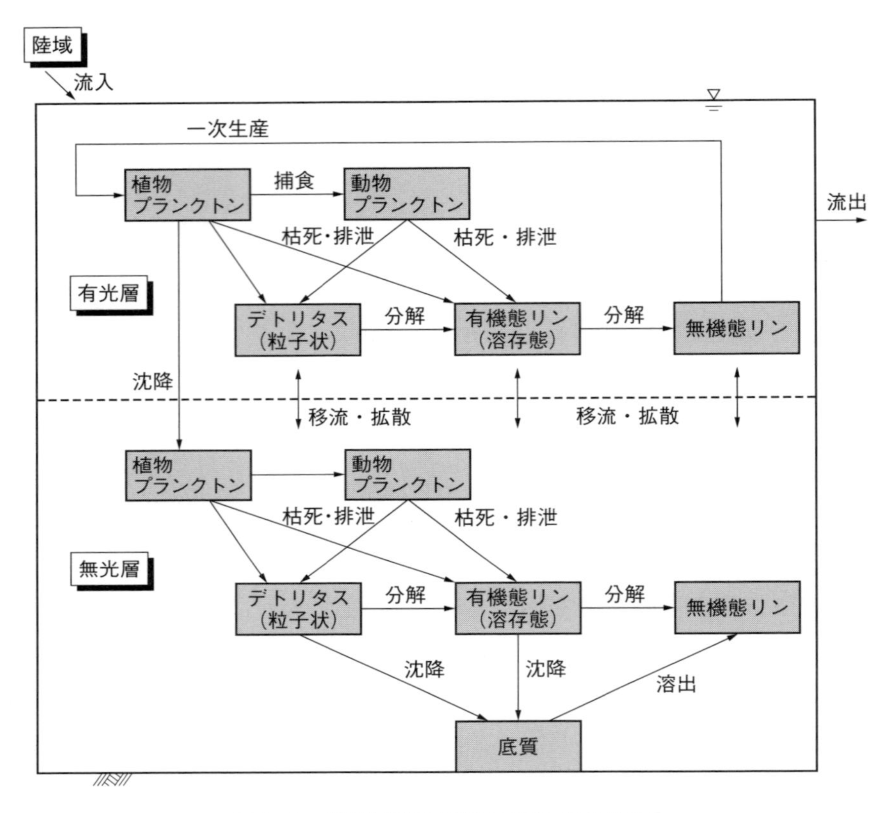

図8・8 湖沼生態系モデルの構造（リンの例）

存有機態リンの濃度Pの時間変化割合は，簡略化すると，次のような式で表現される．

Pの時間変化割合＝(流入負荷量－流出負荷量)/V

＋〈拡散係数〉・(下層の有機態リン濃度－有光層の有機態リン濃度)

＋〈植物プランクトンの排泄速度〉・(植物プランクトン濃度)

＋〈動物プランクトンの排泄速度〉・(動物プランクトン濃度)

＋〈デトリタスの分解速度〉・(デトリタス濃度)

－〈Pの分解速度〉・(P濃度)　　(8・16)

ここに，(　) で囲んだものは，図8・8では四角で囲んだ項目の濃度であり，

〈　〉で囲んだものは，矢印の部分における変化割合（パラメータ）で，排泄速度や分解速度などを表している．そして，四角で囲んだその他の濃度についても同様な式が立てられる．なお，デトリタスとは，生物の排泄物や遺骸のうちの粒子性のものを指す．

このようなモデル解析の最も大きな課題は，これらの排泄速度や分解速度といった非常に多くのパラメータをいかにして決定するかという点にある．こうしたパラメータの多くは，理論式や実験室での測定によって求めることができるが，条件を制御した実験室の中の現象と，実際のフィールドでの現象には，少なからずギャップがある．このようなことから，計算値と実測値を合わせるためのパラメータの操作に偏ると，次第にモデルのリアリティーが失われる場合があるので注意する必要がある．

また，「7章　面源汚濁の実態とその対策」で述べたように，降雨時に陸域から湖に運ばれてくる汚濁物質の量については，十分な精度のデータはきわめて限られている．したがって，陸域からもたらされる汚濁物質の見積もりによっても，解析結果に大きな差異が生ずることになる．

演習問題

問1　(8・1) 式の脱酸素係数 K_1 が 0.3〔1/d〕である河川において，BOD の初期濃度＝8 mg/L の水が 48 時間流下する場合を考える．この時に消費される酸素量はいくらか．

問2　(8・7) 式で表される負荷量（L）と流量（Q）は，図 8・3 のような両対数グラフでは直線として表される理由を述べよ．

問3　(8・7) 式の b の値はどのような意味があるかを説明せよ．

9章

新しい水環境を創る

9.1　水環境と生態工学

水域における窒素，リン，それに有機物質の挙動は，「2.3　酸化と還元」で述べた微生物による酸化還元反応や，金属元素への吸着（リンの場合）機構に基づいている．そして，これらの水質を低下させる主要な方法は，「6章　生活排水の実態とその対策」で述べたように，有機物では好気性微生物による好気的呼吸であり，窒素では硝化・脱窒，そしてリンでは微生物への取込みや，アルミニウム，鉄，カルシウムなどへの吸着であった．こうした水質浄化のしくみは，もともと自然界で行われてきたことであり，下水道などの生活排水対策は，一定のエネルギーを投入した，自然の浄化機構の強化であるということができる．

水質の浄化は，下水道などでは微生物が主役であるが，自然水域では，大型の生物の栄養摂取の過程においても期待することができる．このような，本来，生態系が有していた物質循環に基づく水質浄化機構を，工学的な手法を用いて自然水域でもより多く発揮させようとするものが，近年注目を集めている「生態工学」と呼ばれるものである．生態工学はまた，人間と生態系，あるいは人工物と自然との調和を目指すものであるともいえる．近年は，生態工学の手法によって，生態系をある程度コントロールすることが可能となり，さまざまな水質浄化施設が作られるようになった．しかしながら，水環境のすべてを人間の期待どおりに制御することは，現在の知識では困難とされている．なぜならば，生態系は多種多様な生物種によって構成されており，それぞれの生物種の活動は，他の生物種やわずかな環境の変化にも影響され，これらを正確に予測することは不可能であるからである．

本章では，主にこうした生態工学の観点から考えられている水環境の創造について，いくつかのトピックを見ていくことにする．なお，以下の項目は便宜的な分類によるものであり，実際にはこれらが複数組み合わされている場合が多い．

9.2 微生物による水質浄化

9.2.1 接触酸化による水質浄化

接触酸化による水質浄化の方法は，概して河川や水路の比較的流速が遅い部分に接触材を設置し，接触材の表面に発達した生物膜によって，BOD 成分の好気的な分解や，SS 成分の除去を目的としている．**図 9・1** にそのいくつかの例を示す．接触材は，プラスチック製のもの，ひも状の繊維質のもの，礫（れき），木炭などが用いられている．また，河川の一部を接触材の充填した水路にバイパスさせて，浄化を図ることも行われている．なお，このような場合の水路における水理学的平均滞留時間（図 1・2 参照）は，おおむね数時間である．

この方法では，接触材表面での生物膜の増殖速度が大きい場合は，これがはく離して下流へ流出したり，悪臭や景観上の問題となることがある．また，浮遊物質による目詰まりが起こると，水質浄化能力が低下するといった課題がある．

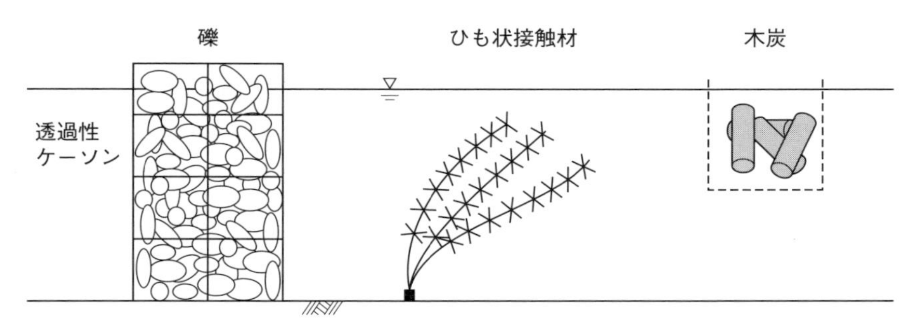

図 9・1　生物膜による接触酸化の例

9.2.2 接触曝気施設による水質浄化

接触曝気施設による水質浄化は，生活雑排水などで汚濁した水路の水を，ポンプなどでくみ上げた後，生活排水処理施設と同等な施設で水質浄化を図ろうとするものである．**図 9・2** にその概要を示す．施設には，下水処理場と同じ働きをする，流量調整槽，最初沈殿池，接触曝気槽などがあり，これらに嫌気性ろ床槽や脱リンのための凝集沈殿槽が付随するものもある．

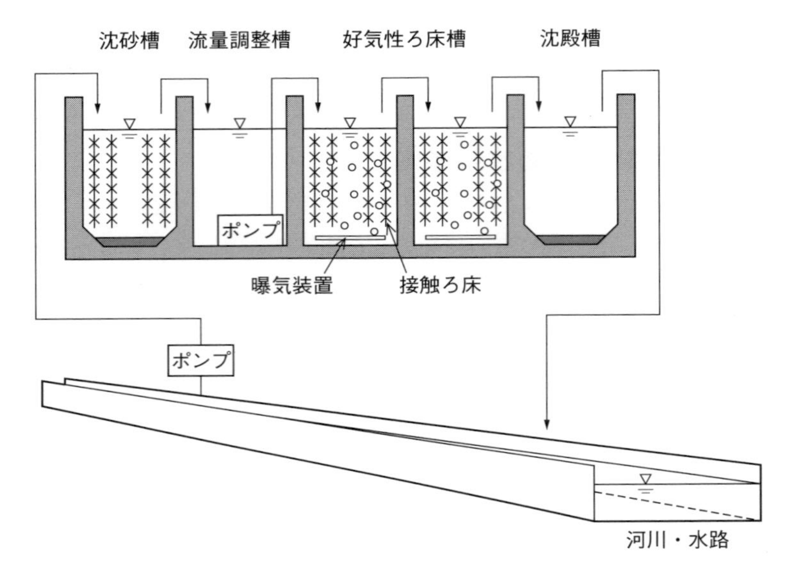

図9・2 接触曝気施設の概要

十分な処理を行えば，放流水の水質はかなり改善され，窒素やリンの除去も可能である．しかしながら，施設の基本的なしくみは下水処理場と同じであるので，曝気のための電気代や余剰汚泥の処理代などのコストがかかることになる．このようなことから，近年では，曝気装置の部分を次項で述べるような水生植物の植栽にし，ここを通水させることによって水質浄化をさせようとするものが増えつつある．

9.3 水生植物を利用した水質浄化

9.3.1 水生植物と水質浄化

前項までは，水質浄化に寄与する生物は微生物であったが，水生植物の群落においても水質の浄化が期待できる．水生植物の群落での水質浄化のしくみは，水生植物自体の養分吸収と，水生植物を基体とする付着生物群による養分吸収や硝化・脱窒，それに水流が弱められることによるリンの沈殿などがある．**表9・1**に，これまでにポットや実験水槽などを用いて測定された，窒素とリンの除去速

表９・１　水生植物の生育環境と窒素・リンの除去速度

植　物	試験期間〔月〕	全窒素		全リン	
		平均除去速度〔g m^{-2}d^{-1}〕	流入水の平均水質〔mg/L〕	平均除去速度〔g m^{-2}d^{-1}〕	流入水の平均水質〔mg/L〕
ホテイアオイ	7〜9	[0.70〜1.73M]	6.4〜7.1	[0.155〜0.384M]	0.95〜1.07
	5〜11	0.87 [0.51]	3.56	0.231 [0.117]	0.99
	6〜11	0.06〜0.09	0.4〜0.8	0.009〜0.014	0.05〜0.11
ヨシ	年間	0.13 [0.082]	6.2	0.024 [0.008]	0.97
ヨウサイ	6〜10	[0.34〜1.54]	1.6〜4.3	[0.045]	0.01〜1.11
セリ	7〜9	0.22	40〜90	−	−
パピルス	7〜10	0.66〜1.48	20〜22	0.10〜0.22	3.0〜3.4
ケナフ	7〜10	0.81〜1.41	20〜22	0.18〜0.21	3.0〜3.4
水稲	5〜9	0.05〜0.37	2〜31	−	−

[　] 内：植物による全窒素，全リンの吸収速度
M：植物の最大生長速度等より推定した最大全窒素または全リン吸収速度
（尾崎保夫，近藤正：自然浄化機能を活用した農山村地域の水質改善，用水と廃水，37（1），1995）

度を整理されたものを示す．

また，**図９・３**では，ゼオライトを充填し，その上に有用植物や花卉（かき）を植栽したバイオジオフィルターに，家庭の合併浄化槽の処理水を導入した事例を示す．バイオジオフィルターに植栽した植物の種類によって，全窒素濃度の挙動は異なっているが，顕著な濃度低下があることがわかる．この事例では，有用植物を食用に供するとともにハーブの香りを楽しむなどの効果も報告されている．そして，こうした試みは，水質の浄化や食物生産だけでなく，①家庭での漂白剤や合成洗剤などの有害物質の使用を自粛するなどの資源循環型の生活様式への転換，②環境教育，自然観察の場の提供，③潤いある親水空間の創設，などにつながるものとされている．

9.3.2　湿地での水質浄化

湿地とは，辞書的には，「湿気が多くいつもじめじめした土地」ということになるが，湿地と関連の深い「ラムサール条約（特に水鳥の生息地として国際的に重要な湿地に関する条約）」の定義ではかなり広範囲な土地が湿地となる．ラム

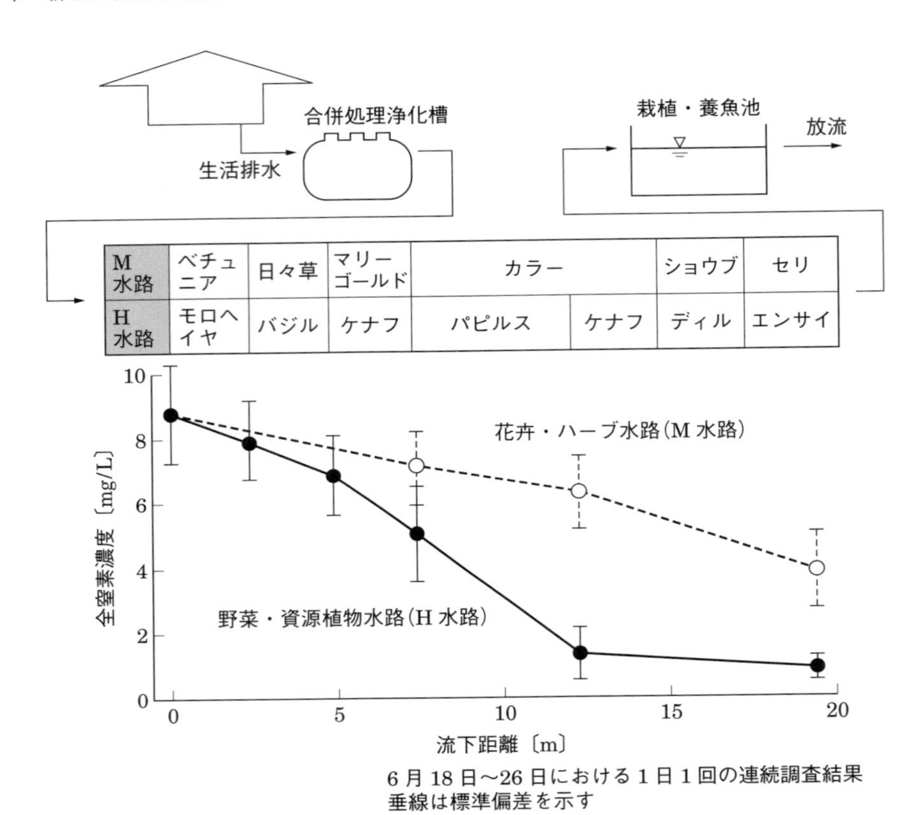

図9・3　バイオジオフィルター水路流下に伴う全窒素濃度の変化

(尾崎保夫，尾崎秀子，阿部薫，前田守弘：有用植物を用いた生活排水の資源循環型浄化システムの開発，用水と廃水，38 (12)，1996) を一部改変

サール条約では，低潮時の水深が6mを超えない海域，河川や湖沼，灌漑地域や用水路なども湿地に含まれ，水に関連のあるところはほとんどが湿地に含まれる．

通常，私たちが意識する湿地は，多くが河川の下流域に位置しており，ヨシやガマなどの水生植物が繁茂している．湿地では，沈水植物，浮葉植物，それに抽水植物などの多様な水生植物の繁茂があり，また，植物群落が大小の動物の隠れ家となったり，産卵場所となっているので，生物の多様性が豊富である．一般に湿地では，水の水理学的平均滞留時間が長く，また，水深や流れの状態によって，

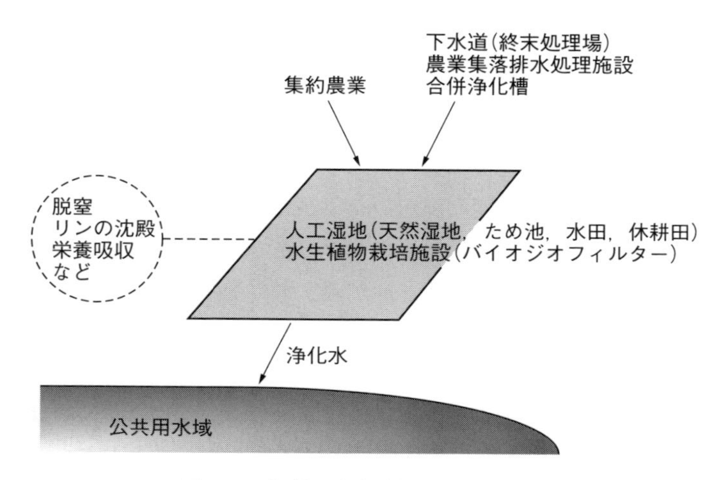

図9・4　湿地や水生植物による水質浄化

酸化的な環境と還元的な環境が生じる．このようなことから，湿地の植物群落内においても十分な水質浄化が期待できる．

近年は，**図9・4**のように，既存の湿地をこのような観点から見直したり，人工的に湿地を創設して水質浄化を期待することが多くの場所で行われるようになってきている．たとえば，集約的な畑地帯や市街地から流出する栄養塩に富む水を，低地にあるため池や休耕田を改良した人工湿地などに導き，ある程度の水質浄化を施した後に，さらに下流へ流すことなどが行われている．

これらは，「**7.6.4**　市街地の面源対策」で述べた雨水貯留施設などと同様に，流域内の水をできるだけゆっくりと湖や海に流出させようとするものでもある．その際に注目されることの多い水生植物は，面積当たりの植物量の多い，ヨシやガマなどの抽水植物やホテイアオイなどの浮漂植物である．抽水植物は窒素，リンなどの養分の吸収量が多いだけでなく，根の周辺では，茎を通って酸素が供給されるため，底質中での有機物質の分解や硝酸化成が促進されることになる．

水生植物による水質浄化を考える場合，栄養分を吸収した植物の刈取りが重要なポイントとされている．なぜならば，水生植物が枯死した後は，水域内で分解され，窒素やリンなどが再び溶出するからである．ヨシでは，リンが地上部と地下部で転流することが知られているが，刈取りの翌年の成長も考えると，どの時期に刈り取りを行うかについては，いくつかの考えがあり一定していない．いずれにしても，刈り取った植物を陸上で放置しておくと，やがては分解されて水域に流入することになる．したがって，刈り取った植物を加工して有効利用することが求められるが，昨今の経済・社会状況では困難である場合が多く，これが水生植物を用いた水質浄化の重要な課題の一つとなっている．

湿地での水生植物を利用した水質浄化のその他の課題としては，冬季になると植物の活動が鈍るため，水質の浄化速度が低下すること，また，植物の浄化能力には限りがあるので，湖などでの水質改善を得るには，広大な面積が必要であることなどが挙げられる．

これまでに報告されている人工湿地における水理学的平均滞留時間は，おおむね1～14日程度の範囲にあり，実施例によってかなりバラツキがある．人工湿地に関する調査研究は，近年，さまざまな場所で行われるようになり，多くの事例で期待される水質浄化が報告されている．しかし，**図9・5**の年間の物質収支では，湿地からのアウトプットがインプットを上回り（図のプロットでは1：1の直線より上に位置し），結果として湿地が窒素やリンの汚濁源となっている場合もある．このことは，湿地の生物は多様で，その生態系は複雑であるので，必

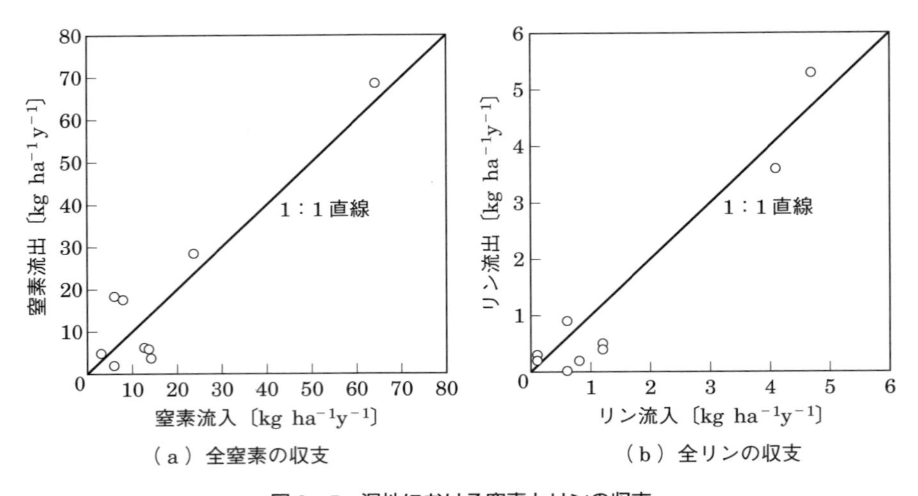

図9・5　湿地における窒素とリンの収支

（May, L. W. ed.：Water resources handbook, McGraw-Hill, 1996）より作成

ずしも人間の期待どおりの結果が得られないものがあることを意味している．

9.3.3 ビオトープと市民参加

ビオトープとは，もともとは特定の生物が生存することができる空間を示す言葉であるが，我が国では多様な野生生物（特に鑑賞や環境保全に好ましいもの）が生息できる生態系，として使用されている．最近は，前項の人工湿地や水路，それに整備された河川などを組み合わせ，市民の憩いの場とする施設が多くなりつつある．

また，クレソンやウォーターレタスなどの有用な植物を水質浄化に用い，植物の手入れや収穫を市民活動に取り込んでいるところも見られる．このようなことは，失われつつある親水空間を取り戻すとともに，水と水質環境に係わる市民意識の向上にも役立っているといえる．

COLUMN 失敗学と失敗まんだら

本章で述べた新しい水環境の創造については，所期の目的をある程度達成しているものもあるものの，必ずしも十分な成果があげられていないものも少なくない．これらを「失敗」と呼ぶかどうかは，判断の分かれるところではあるが，たとえば，畑村洋太郎氏による「失敗学のすすめ（講談社，2000）」では，失敗とは「人間が関わったひとつの行為が，望ましくない，あるいは期待しないものになること」と定義されている．そして，工学のさまざまな分野で，同じような失敗が繰り返されていることが指摘されている．この理由として，失敗情報は減衰したり，単純化されたり，歪曲化されたりする性質があるため，知識として十分に伝達されていないことが挙げられる．このようなことから，失敗情報を体系的に整理し，これらを有効に利用するシステムが整備されつつある．その一つの例として「失敗まんだら」がある（図**9・6**）．もともと「まんだら（曼荼羅）」とは，仏教の悟りの世界や，仏の教えを示した絵図のことであるが，「失敗まんだら」では失敗の原因，行動，結果について，中心部分の上位概念から，次第に周辺の具体事象へつながるようになっている．本章で述べた新しい水環境の創造については，その技術が発展途上にあるものが多いものの，技術的な課題以外に，経済環境や運営組織，それに利害関係者にかかわる課題も多いとされ，ここで示した「失敗まんだら」を用いた整理なども行われている．

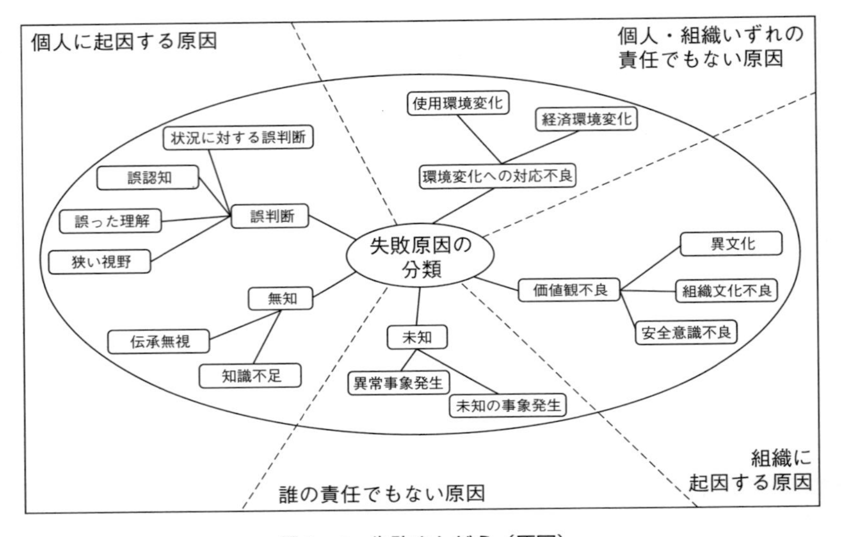

図9・6　失敗まんだら（原因）

（JST 畑村委員会（https://shippai.org/fkd/inf/mandara.html））を簡略化して基本構造のみを作図

演習問題

問1　本章で述べたような，工学的手法を用いて新しい水環境を創造している例を，あなたの身近で探してみよう．

問2　問1であなたの探した事例では，水質浄化機構は，2章の酸化還元反応や4章の物質循環の観点から，どのように説明されるだろうか．

問3　あなたの探した事例において，さらに水質を浄化し，また，よりよい水環境を創造するには，どのようなことが必要だろうか．

付　　録

付表１　人の健康の保護に関する環境基準（健康項目）

項目名	2024 年 2 月時点	1999 年とそれ以降に追加された項目	1993 年に追加された項目
カドミウム	0.003 mg/L 以下		
全シアン	検出されないこと		
鉛	0.01 mg/L 以下		
六価クロム	0.02 mg/L 以下		
砒素	0.01 mg/L 以下		
総水銀	0.0005 mg/L 以下		
アルキル水銀	検出されないこと		
PCB	検出されないこと		
ジクロロメタン	0.02 mg/L 以下		●
四塩化炭素	0.002 mg/L 以下		●
1,2-ジクロロエタン	0.004 mg/L 以下		●
1,1-ジクロロエチレン	0.1 mg/L 以下		●
シス-1,2-ジクロロエチレン	0.04 mg/L 以下		●
1,1,1-トリクロロエタン	1 mg/L 以下		●
1,1,2-トリクロロエタン	0.006 mg/L 以下		●
トリクロロエチレン	0.01 mg/L 以下		●
テトラクロロエチレン	0.01 mg/L 以下		●
1,3-ジクロロプロペン	0.002 mg/L 以下		●
チウラム	0.006 mg/L 以下		●
シマジン	0.003 mg/L 以下		●
チオベンカルブ	0.02 mg/L 以下		●
ベンゼン	0.01 mg/L 以下		●
セレン	0.01 mg/L 以下		●
硝酸性窒素および亜硝酸性窒素	10 mg/L 以下	●	
ふっ素	0.8 mg/L 以下	●	
ほう素	1 mg/L 以下	●	
1,4-ジオキサン	0.05 mg/L 以下	●	

（環境省 Web サイトおよび，　武田育郎：水と水質環境の基礎知識，オーム社，2001 より作成）

付表2　生活環境の保全に関する環境基準（生活環境項目）

1　河川

(1) 河川（湖沼を除く）

ア

項目類型	利用目的の適応性	基準値				
		水素イオン濃度 (pH)	生物化学的酸素要求量 (BOD)	浮遊物質量 (SS)	溶存酸素量 (DO)	大腸菌数
AA	水道1級 自然環境保全 およびA以下の欄に掲げるもの	6.5以上 8.5以下	1 mg/L 以下	25 mg/L 以下	7.5 mg/L 以上	20 CFU/ 100 mL以下
A	水道2級 水産1級 水浴 およびB以下の欄に掲げるもの	6.5以上 8.5以下	2 mg/L 以下	25 mg/L 以下	7.5 mg/L 以上	300 CFU/ 100 mL以下
B	水道3級 水産2級 およびC以下の欄に掲げるもの	6.5以上 8.5以下	3 mg/L 以下	25 mg/L 以下	5 mg/L 以上	1 000 CFU/ 100 mL以下
C	水産3級 工業用水1級 およびD以下の欄に掲げるもの	6.5以上 8.5以下	5 mg/L 以下	50 mg/L 以下	5 mg/L 以上	—
D	工業用水2級 農業用水 およびEの欄に掲げるもの	6.0以上 8.5以下	8 mg/L 以下	100 mg/L 以下	2 mg/L 以上	—
E	工業用水3級 環境保全	6.0以上 8.5以下	10 mg/L 以下	ごみ等の浮遊が認められないこと.	2 mg/L 以上	—

〔注〕

1　自然環境保全：自然探勝などの環境保全

2　水道1級：ろ過等による簡易な浄水操作を行うもの
　水道2級：沈殿ろ過等による通常の浄水操作を行うもの
　水道3級：前処理などを伴う高度の浄水操作を行うもの

3　水産1級：ヤマメ，イワナ等貧腐水性水域の水産生物用並びに水産2級および水産3級の水産生物用
　水産2級：サケ科魚類およびアユ等貧腐水性水域の水産生物用および水産3級の水産生物用
　水産3級：コイ，フナ等，β-中腐水性水域の水産生物用

4　工業用水1級：沈殿等による通常の浄水操作を行うもの
　工業用水2級：薬品注入などによる高度の浄水操作を行うもの
　工業用水3級：特殊の浄水操作を行うもの

5　環境保全：国民の日常生活（沿岸の遊歩などを含む）において不快感を生じない限度

イ

項目類型	水生生物の生息状況の適応性	基準値		
		全亜鉛	ノニルフェノール	直鎖アルキルベンゼンスルホン酸およびその塩
生物 A	イワナ，サケマス等比較的低温域を好む水生生物およびこれらの餌生物が生息する水域	0.03 mg/L 以下	0.001 mg/L 以下	0.03 mg/L 以下
生物特 A	生物 A の水域のうち，生物 A の欄に掲げる水生生物の産卵場（繁殖場）または幼稚仔の生育場として特に保全が必要な水域	0.03 mg/L 以下	0.0006 mg/L 以下	0.02 mg/L 以下
生物 B	コイ，フナ等比較的高温域を好む水生生物およびこれらの餌生物が生息する水域	0.03 mg/L 以下	0.002 mg/L 以下	0.05 mg/L 以下
生物特 B	生物 B の水域のうち，生物 B の欄に掲げる水生生物の産卵場（繁殖場）または幼稚仔の生育場として特に保全が必要な水域	0.03 mg/L 以下	0.002 mg/L 以下	0.04 mg/L 以下

(2) 湖沼（天然湖沼および貯水量 1 000 万立方メートル以上であり，かつ，水の滞留時間が 4 日間以上である人工湖）

ア

項目類型	利用目的の適応性	基準値				
		水素イオン濃度（pH）	化学的酸素要求量（COD）	浮遊物質量（SS）	溶存酸素量（DO）	大腸菌数
AA	水道 1 級 水産 1 級 自然環境保全 および A 以下の欄に掲げるもの	6.5 以上 8.5 以下	1 mg/L 以下	1 mg/L 以下	7.5 mg/L 以上	20 CFU/ 100 mL 以下
A	水道 2，3 級 水産 2 級 水浴 および B 以下の欄に掲げるもの	6.5 以上 8.5 以下	3 mg/L 以下	5 mg/L 以下	7.5 mg/L 以上	300 CFU/ 100 mL 以下
B	水産 3 級 工業用水 1 級 農業用水 および C の欄に掲げるもの	6.5 以上 8.5 以下	5 mg/L 以下	15 mg/L 以下	5 mg/L 以上	—
C	工業用水 2 級 環境保全	6.0 以上 8.5 以下	8 mg/L 以下	ごみ等の浮遊が認められないこと．	2 mg/L 以上	—

〔注〕
1　自然環境保全：自然探勝などの環境保全
2　水道 1 級：ろ過等による簡易な浄水操作を行うもの
　　水道 2，3 級：沈殿ろ過等による通常の浄水操作，または，前処理などを伴う高度の浄水操作を行うもの
3　水産 1 級：ヒメマス等貧栄養湖型の水域の水産生物用並びに水産 2 級および水産 3 級の水産生物用
　　水産 2 級：サケ科魚類およびアユ等貧栄養湖型の水域の水産生物用および水産 3 級の水産生物用
　　水産 3 級：コイ，フナ等富栄養湖型の水域の水産生物用
4　工業用水 1 級：沈殿等による通常の浄水操作を行うもの
　　工業用水 2 級：薬品注入などによる高度の浄水操作，または，特殊な浄水操作を行うもの
5　環境保全：国民の日常生活（沿岸の遊歩などを含む）において不快感を生じない限度

イ

項目類型	利用目的の適応性	基準値	
		全窒素	全リン
Ⅰ	自然環境保全およびⅡ以下の欄に掲げるもの	0.1 mg/L 以下	0.005 mg/L 以下
Ⅱ	水道 1，2，3 級（特殊なものを除く） 水産 1 種 水浴およびⅢ以下の欄に掲げるもの	0.2 mg/L 以下	0.01 mg/L 以下
Ⅲ	水道 3 級（特殊なもの）およびⅣ以下の欄に掲げるもの	0.4 mg/L 以下	0.03 mg/L 以下
Ⅳ	水産 2 種およびⅤの欄に掲げるもの	0.6 mg/L 以下	0.05 mg/L 以下
Ⅴ	水産 3 種 工業用水 農業用水 環境保全	1 mg/L 以下	0.1 mg/L 以下

〔注〕
1　自然環境保全：自然探勝などの環境保全
2　水道 1 級：ろ過等による簡易な浄水操作を行うもの
　水道 2 級：沈殿ろ過等による通常の浄水操作を行うもの
　水道 3 級：前処理などを伴う高度の浄水操作を行うもの（「特殊なもの」とは，臭気物質の除去が可能な特殊な浄水操作を行うものをいう）
3　水産 1 種：サケ科魚類およびアユ等の水産生物用並びに水産 2 種および水産 3 種の水産生物用
　水産 2 種：ワカサギ等の水産生物用および水産 3 種の水産生物用
　水産 3 種：コイ，フナ等の水産生物用
4　環境保全：国民の日常生活（沿岸の遊歩などを含む）において不快感を生じない限度

ウ

項目類型	水生生物の生息状況の適応性	基準値		
		全亜鉛	ノニルフェノール	直鎖アルキルベンゼンスルホン酸およびその塩
生物 A	イワナ，サケマス等比較的低温域を好む水生生物およびこれらの餌生物が生息する水域	0.03 mg/L 以下	0.001 mg/L 以下	0.03 mg/L 以下
生物特 A	生物 A の水域のうち，生物 A の欄に掲げる水生生物の産卵場（繁殖場）または幼稚仔の生育場として特に保全が必要な水域	0.03 mg/L 以下	0.0006 mg/L 以下	0.02 mg/L 以下
生物 B	コイ，フナ等比較的高温域を好む水生生物およびこれらの餌生物が生息する水域	0.03 mg/L 以下	0.002 mg/L 以下	0.05 mg/L 以下
生物特 B	生物 B の水域のうち，生物 B の欄に掲げる水生生物の産卵場（繁殖場）または幼稚仔の生育場として特に保全が必要な水域	0.03 mg/L 以下	0.002 mg/L 以下	0.04 mg/L 以下

エ

項目 類型	水性生物が生息・再生産 する場の適応性	基準値 底層溶存酸素量
生物 1	生息段階において貧酸素耐性の低い水生生物が生息できる場を保全・再生する水域または再生産段階において貧酸素耐性の低い水生生物が再生産できる場を保全・再生する水域	4.0 mg/L 以上
生物 2	生息段階において貧酸素耐性の低い水生生物を除き，水生生物が生息できる場を保全・再生する水域または再生産段階において貧酸素耐性の低い水生生物を除き，水生生物が再生産できる場を保全・再生する水域	3.0 mg/L 以上
生物 3	生息段階において貧酸素耐性の高い水生生物が生息できる場を保全・再生する水域，再生産段階において貧酸素耐性の高い水生生物が再生産できる場を保全・再生する水域または無生物域を解消する水域	2.0 mg/L 以上

2　海域

ア

項目類型	利用目的の適応性	基準値				
		水素イオン濃度(pH)	化学的酸素要求量(COD)	溶存酸素量(DO)	大腸菌数	n-ヘキサン抽出物質(油分等)
A	水産1級 水浴 自然環境保全およびB以下の欄に掲げるもの	7.8以上 8.3以下	2 mg/L 以下	7.5 mg/L 以上	300 CFU/ 100 mL以下	検出されないこと
B	水産2級 工業用水 およびCの欄に掲げるもの	7.8以上 8.3以下	3 mg/L 以下	5 mg/L 以上	―	検出されないこと
C	環境保全	7.0以上 8.3以下	8 mg/L 以下	2 mg/L 以上	―	―

〔注〕
1　自然環境保全：自然探勝などの環境保全
2　水産1級：マダイ，ブリ，ワカメ等の水産生物用および水産2級の水産生物用
　水産2級：ボラ，ノリ等の水産生物用
3　環境保全：国民の日常生活(沿岸の遊歩などを含む)において不快感を生じない限度

イ

項目類型	利用目的の適応性	基準値	
		全窒素	全リン
Ⅰ	自然環境保全およびⅡ以下の欄に掲げるもの（水産2種および3種を除く）	0.2 mg/L 以下	0.02 mg/L 以下
Ⅱ	水産1種 水浴およびⅢ以下の欄に掲げるもの （水産2種および3種を除く）	0.3 mg/L 以下	0.03 mg/L 以下
Ⅲ	水産2種およびⅣ以下の欄に掲げるもの （水産3種を除く）	0.6 mg/L 以下	0.05 mg/L 以下
Ⅳ	水産3種 工業用水 生物生息環境保全	1 mg/L 以下	0.09 mg/L 以下

〔注〕
1　自然環境保全：自然探勝などの環境保全
2　水産1種：底生魚介類を含め多様な水産生物がバランス良く，かつ，安定して漁獲される
　水産2種：一部の底生魚介類を除き，魚類を中心とした水産生物が多獲される
　水産3種：汚濁に強い特定の水産生物が主に漁獲される
3　生物生息環境保全：年間を通して底生生物が生息できる限度

ウ

項目類型	水生生物の生息状況の適応性	基準値		
		全亜鉛	ノニルフェノール	直鎖アルキルベンゼンスルホン酸およびその塩
生物A	水生生物の生息する水域	0.02 mg/L 以下	0.001 mg/L 以下	0.01 mg/L 以下
生物特A	生物Aの水域のうち，水生生物の産卵場（繁殖場）または幼稚仔の生育場として特に保全が必要な水域	0.01 mg/L 以下	0.0007 mg/L 以下	0.006 mg/L 以下

エ

項目 類型	水性生物が生息・再生産 する場の適応性	基準値 底層溶存酸素量
生物 1	生息段階において貧酸素耐性の低い水生生物が生息できる場を保全・再生する水域または再生産段階において貧酸素耐性の低い水生生物が再生産できる場を保全・再生する水域	4.0 mg/L 以上
生物 2	生息段階において貧酸素耐性の低い水生生物を除き，水生生物が生息できる場を保全・再生する水域または再生産段階において貧酸素耐性の低い水生生物を除き，水生生物が再生産できる場を保全・再生する水域	3.0 mg/L 以上
生物 3	生息段階において貧酸素耐性の高い水生生物が生息できる場を保全・再生する水域，再生産段階において貧酸素耐性の高い水生生物が再生産できる場を保全・再生する水域または無生物域を解消する水域	2.0 mg/L 以上

（環境省 Web サイトより　備考，測定方法，該当水域は省略）

付表 3　水道水の水質基準

項　目	基準値 2024 年 2 月時点	2004 年とそれ以降に追加された項目	1992 年に追加された項目
一般細菌	1 ml の検水で形成される集落数が 100 以下		
大腸菌	検出されないこと	● （大腸菌群数から移行）	
カドミウムおよびその化合物	カドミウムの量に関して，0.003 mg/L 以下		
水銀およびその化合物	水銀の量に関して，0.0005 mg/L 以下		
セレンおよびその化合物	セレンの量に関して，0.01 mg/L 以下		●
鉛およびその化合物	鉛の量に関して，0.01 mg/L 以下		
ヒ素およびその化合物	ヒ素の量に関して，0.01 mg/L 以下		
六価クロム化合物	六価クロムの量に関して，0.02 mg/L 以下		
亜硝酸態窒素	0.04 mg/L 以下	●	
シアン化物イオンおよび塩化シアン	シアンの量に関して，0.01 mg/L 以下		
硝酸態窒素および亜硝酸態窒素	10mg/L 以下		
フッ素およびその化合物	フッ素の量に関して，0.8 mg/L 以下		
ホウ素およびその化合物	ホウ素の量に関して，1.0 mg/L 以下	●	
四塩化炭素	0.002 mg/L 以下		●
1,4-ジオキサン	0.05 mg/L 以下	●	
シス-1,2-ジクロロエチレンおよびトランス-1,2-ジクロロエチレン	0.04 mg/L 以下	● （トランス-1, 2-ジクロロエチレン）	● （シス-1, 2-ジクロロエチレン）
ジクロロメタン	0.02 mg/L 以下		●
テトラクロロエチレン	0.01 mg/L 以下		●
トリクロロエチレン	0.01 mg/L 以下		●
ベンゼン	0.01 mg/L 以下		●
塩素酸	0.6 mg/L 以下	●	
クロロ酢酸	0.02 mg/L 以下	●	
クロロホルム	0.06 mg/L 以下		●
ジクロロ酢酸	0.03 mg/L 以下	●	
ジブロモクロロメタン	0.1 mg/L 以下		●
臭素酸	0.01 mg/L 以下	●	
総トリハロメタン	0.1 mg/L 以下		●

付表 3　水道水の水質基準（つづき）

項　目	基準値 2024 年 2 月時点	2004 年とそれ以降に追加された項目	1992 年に追加された項目
トリクロロ酢酸	0.03 mg/L 以下	●	
ブロモジクロロメタン	0.03 mg/L 以下		●
ブロモホルム	0.09 mg/L 以下		●
ホルムアルデヒド	0.08 mg/L 以下	●	
亜鉛およびその化合物	亜鉛の量に関して，1.0 mg/L 以下		
アルミニウムおよびその化合物	アルミニウムの量に関して，0.2 mg/L 以下	●	
鉄およびその化合物	鉄の量に関して，0.3 mg/L 以下		
銅およびその化合物	銅の量に関して，1.0 mg/L 以下		
ナトリウムおよびその化合物	ナトリウムの量に関して，200 mg/L 以下		●
マンガンおよびその化合物	マンガンの量に関して，0.05 mg/L 以下		
塩化物イオン	200 mg/L 以下		
カルシウム，マグネシウム等（硬度）	300 mg/L 以下		
蒸発残留物	500 mg/L 以下		
陰イオン界面活性剤	0.2 mg/L 以下		
ジェオスミン	0.00001 mg/L 以下	●	
2-メチルイソボルネオール	0.00001 mg/L 以下	●	
非イオン界面活性剤	0.02 mg/L 以下	●	
フェノール類	フェノールの量に換算して，0.005 mg/L 以下		
有機物（全有機炭素（TOC）の量）	3 mg/L 以下	● （過マンガン酸カリウム消費量から移行）	
pH 値	5.8 以上 8.6 以下		
味	異常でないこと		
臭気	異常でないこと		
色度	5 度以下		
濁度	2 度以下		

（厚生労働省 Web サイトおよび，　武田育郎：水と水質環境の基礎知識，オーム社，2001 より作成）

付表4　一般排水基準

分類	有害物質の種類	許容限度
有害物質	カドミウムおよびその化合物	0.03 mg Cd/L
	シアン化合物	1 mg CN/L
	有機リン化合物（パラチオン，メチルパラチオン，メチルジメトンおよびEPNに限る）	1 mg/L
	鉛およびその化合物	0.1 mg Pb/L
	六価クロム化合物	0.5 mg Cr(VI)/L
	砒素およびその化合物	0.1 mg As/L
	水銀およびアルキル水銀，その他の水銀化合物	0.005 mg Hg/L
	アルキル水銀化合物	検出されないこと
	ポリ塩化ビフェニル	0.003 mg/L
	トリクロロエチレン	0.1 mg/L
	テトラクロロエチレン	0.1 mg/L
	ジクロロメタン	0.2 mg/L
	四塩化炭素	0.02 mg/L
	1，2-ジクロロエタン	0.04 mg/L
	1，1-ジクロロエチレン	1 mg/L
	シス-1，2-ジクロロエチレン	0.4 mg/L
	1，1，1-トリクロロエタン	3 mg/L
	1，1，2-トリクロロエタン	0.06 mg/L
	1，3-ジクロロプロペン	0.02 mg/L
	チウラム	0.06 mg/L
	シマジン	0.03 mg/L
	チオベンカルブ	0.2 mg/L
	ベンゼン	0.1 mg/L
	セレンおよびその化合物	0.1 mg Se/L
	ホウ素およびその化合物	海域以外 10 mg B/L 海域 230 mg B/L
	フッ素およびその化合物	海域以外 8 mg F/L 海域 15 mg F/L
	アンモニア，アンモニウム化合物亜硝酸化合物および硝酸化合物	100 mg/L
	1，4-ジオキサン	0.5 mg/L

付表4　一般排水基準（つづき）

分類	有害物質の種類	許容限度
その他の項目	水素イオン濃度（pH）	海域以外 5.8-8.6 海域 5.0-9.0
	生物化学的酸素要求量（BOD）	160 mg/L （日間平均 120 mg/L）
	化学的酸素要求量（COD）	160 mg/L （日間平均 120 mg/L）
	浮遊物質量（SS）	200 mg/L （日間平均 150 mg/L）
	ノルマルヘキサン抽出物質含有量（鉱油類含有量）	5 mg/L
	ノルマルヘキサン抽出物質含有量（動植物油脂類含有量）	30 mg/L
	フェノール類含有量	5 mg/L
	銅含有量	3 mg/L
	亜鉛含有量	2 mg/L
	溶解性鉄含有量	10 mg/L
	溶解性マンガン含有量	10 mg/L
	クロム含有量	2 mg/L
	大腸菌群数	日間平均 3 000 個 /cm^3
	窒素含有量	120 mg/L （日間平均 60 mg/L）
	リン含有量	16 mg/L （日間平均 8 mg/L）

（環境省 Web サイトより）

付表 5　農業集落排水処理施設に用いられる処理方式と処理水質

区分		JARUS 型等名称	処理方式	計画処理水質（mg/L 以下）				
				BOD	SS	COD	T－N	T－P
生物膜法	接触ばっ気方式	JARUS-Ⅰ96 型	沈殿分離および接触ばっ気を組み合わせた方式（BOD 型）	20	50	—	—	—
		JARUS-S96 型	沈殿分離および接触ばっ気を組み合わせた方式（FRP）（BOD 型）	20	50	—	—	—
		JARUS-Ⅱ96 型	嫌気性ろ床および接触ばっ気を組み合わせた方式（脱窒型）	20	50	—	20	—
		JARUS-Ⅲ96 型	流量調整，嫌気性ろ床および接触ばっ気を組み合わせた方式（BOD 型）	20	50	—	—	—
		JARUS-Ⅳ96 型	流量調整，嫌気性ろ床および接触ばっ気を組み合わせた方式（脱窒型）	20	50	—	20	—
	活性汚泥併用生物膜方式	JARUS-ⅢG 型	流量調整，槽内汚泥循環式嫌気性ろ床および接触ばっ気（活性汚泥併用）を組み合わせた方式（脱窒型）	20	50	—	25	—
		JARUS-ⅢR 型	流量調整，嫌気性濾床および接触ばっ気（活性汚泥併用）を組み合わせた方式（脱窒型）	20	50	—	25	—
		JARUS-ⅣS 型	脱窒素を考慮した流量調整，嫌気性ろ床および接触ばっ気（活性汚泥併用）を組み合わせた方式（脱窒型）	20	50	—	20	—
		JARUS-ⅣH 型	脱窒素，脱リンを考慮した流量調整，嫌気性ろ床および接触ばっ気（活性汚泥併用）を組み合わせた方式（脱窒，脱リン，COD 除去型）	20	50	20	20	1

付表5　農業集落排水処理施設に用いられる処理方式と処理水質（つづき）

区　分		JARUS 型等名称	処理方式	計画処理水質（mg/L 以下）				
				BOD	SS	COD	T－N	T－P
浮遊生物法	回分式活性汚泥方式	JARUS-XI 96 型	回分式活性汚泥方式 （BOD 型）	20	50	—	—	—
		JARUS-XII 96 型	回分式活性汚泥方式 （脱窒型）	20	50	—	15	—
		JARUS-XII G96 型	回分式活性汚泥方式 （脱窒，COD 除去型）	10	15	15	15	—
		JARUS-XII H 型	回分式活性汚泥方式 （脱窒，脱リン，COD 除去型）	10	15	15	15	1
		JARUS-XIII 96 型	DO 制御回分式活性汚泥方式 （高度脱窒，脱リン，COD 除去型）	10	15	15	10	1
	間欠ばっ気方式	JARUS-XIV 96 型	連続流入間欠ばっ気方式 （脱窒型）	20	50	—	15	—
		JARUS-XIV P 型	連続流入間欠ばっ気方式 （脱窒，脱リン型）	20	50	—	15	3
		JARUS-XIV P1 型	連続流入間欠ばっ気方式 （脱窒，高度脱リン型）	20	50	—	15	1
		JARUS-XIV G 型	連続流入間欠ばっ気方式 （脱窒，COD 除去型）	10	10	15	10	—
		JARUS-XIV GP 型	連続流入間欠ばっ気方式 （脱窒，脱リン，COD 除去型）	10	10	15	15	1
		JARUS-X IVR 型	最初沈殿物を前置きした連続流入間欠ばっ気方式（脱室，COD 除去型）	10	15	15	30	—
		JARUS-XIV H 型	DO 制御連続流入間欠ばっ気方式 （高度脱窒，脱リン，COD 除去型）	10	15	15	10	1
		JARUS-XV 96 型	間欠流入間欠ばっ気方式 （高度脱窒，COD 除去型）	10	15	15	10	—
	膜分離活性汚泥方式	JARUS 型膜分離活性汚泥方式	膜分離活性汚泥方式 （脱窒，脱リン，COD 除去法）	5	5	10	10	1
		JARUS 型 高度リン除去膜分離活性汚泥方式	膜分離活性汚泥方式 （脱窒，脱リン，COD 除去法）	5	5	10	10	0.5
		JARUS 型膜分離活性泥方式-06 型	膜分離活性汚泥方式 （脱窒，脱リン，COD 除去法）	5	5	10	15	1
		JARUS-FM 型	膜分離活性汚泥方式 （脱窒，脱リン，COD 除去法）	5	5	10	15	0.5
	オキシデーションディッチ方式	JARUS 仕様-OD96 型	オキシデーションディッチ方式 （BOD 型）	20	50	—	—	—
		JARUS 仕様-ODH 型	オキシデーションディッチ方式 （脱窒，脱リン型）	20	50	—	15	1

（地域環境資源センター Web サイトより）

演習問題解答

1章

問1　図1・2にあるように，水理学的平均滞留時間は［貯留量］/［輸送量］で計算されるので，この場合では，

380×10^6〔m^3〕$/1\,160 \times 10^6$〔m^3/y〕$= 0.328$〔y〕

となる．すなわち，この湖の水は，河川水によって0.328〔y〕= 3.9〔ヶ月〕で入れ替わることになる．実際には，湖の中の水は，長い期間留まっているものと，速やかに流れ出すものがあるが，水理学的平均滞留時間は，このような不均一性を無視した平均的な数値である．なお，この問題中の数値は島根県の宍道湖と斐伊川の値である．

問2　通常表される流量〔m^3〕を，対象とする面積で割ったものを流出高〔mm〕といい，降水量〔mm〕と比較して議論するときなどに用いられる．したがって，流出1 124 mm = 1.124 mに国土面積（377 975 km^2）を掛けると，これは約4 248億m^3となる．同様に生活用水42 mm，工業用水27 mm，農業用水140 mmを計算すると，生活用水159億m^3，工業用水102億m^3，農業用水529億m^3となる．なお，1 m^3の水の質量は，水の密度を1 g/cm^3とすると1 tとなり，また，〔m^3〕は話し言葉では「立方メートル」と長くなるので，「1立方メートル」の水を慣用的に「1トン」という場合もある．

問3　30〜50 mm/hくらいまでの雨を「バケツをひっくり返したような雨」，それよりも激しい雨を「滝のような雨」などということもある．なお，気象庁では30〜50 mm/hの雨を「激しい雨」，50〜80 mm/hの雨を「非常に激しい雨」，80 mm/h以上の雨を「猛烈な雨」としている．

問4　一つの考え方としてリスクが二つあると，そのリスクの和を考え，これが最小になる条件を考える．たとえば，「演習　環境リスクを計算する（中西準子，益永茂樹，松田裕之著，岩波書店，2003）」によると，塩素消毒を行わない場合の「水系伝染病

によって死亡するリスク」は 1.14×10^{-4} であり，このときはトリハロメタンが生成しないので，「トリハロメタンによって死亡するリスク」は0である．一方，塩素消毒の強度を高めると，「水系伝染病によって死亡するリスク」は減少して次第に0に近くなるが，「トリハロメタンによって死亡するリスク」は増加する．このようなことから，二つのリスクの和が最小（$3.4\sim3.6\times10^{-6}$）になる塩素消毒強度＝120～390〔$\mathrm{mg\ min\ L^{-1}}$〕が最も現実的な対応であろうとしている．

問5　最近話題の生成AIとされるWebサイトにて，パリ協定と京都議定書との違いを聞いてみると「京都議定書では目標を達成することが義務付けられていたが，パリ協定では各国が自主的に設定した消滅目標を提出することが求められている」などとする回答があった（2024年4月時点）．質問の仕方で回答も変わるようなので，いろいろな質問を試してみると意外な発見があるかもしれない．

2章

問1　酸素原子の周辺にある最外殻の電子は，「結合電子対」と「非結合電子対」があるが，水素と共有している「結合電子対」は，酸素原子に引き寄せられる．そのため，水素原子周辺ではマイナスの電荷の影響が希薄となり，弱くプラスに帯電することになる．

問2　当量濃度とは，原子価×モル濃度を意味している．たとえば，硫酸（H_2SO_4）は水に溶けると，$2H^+$ と SO_4^{2-} になり，原子価＝2なので，硫酸1モルは2当量である．すなわち2モルの H^+ を出している．したがって，図2・5では，異なる原子価のイオン量を，水の酸性度を規定する H^+ のモル濃度と同一の尺度で表すことができる．

問3　酸化半反応では CH_2O のCの酸化数は［0］→［＋4］に増加している．したがって CH_2O は酸化されている．一方，還元半反応では，N_2 のNの酸化数は［0］→［－3］に減少している．したがって N_2 は還元されている．酸化半反応と還元半反応が対になった酸化還元反応では，酸化された CH_2O は，N_2 を還元しているので還元剤である．また，還元された N_2 は，CH_2O を酸化しているので酸化剤である．

問4　酸化剤は他の物質を酸化し，自らは還元される．還元されるということは，「酸化数が減少する」→「マイナス電荷の電子を得る」ことを意味している．したがって，このような場合,「酸化剤は電子受容体」である．一方，還元剤は他の物質を還元し，自らは酸化される．酸化されるということは,「酸化数が増加する」→「マイナス電荷の電子を失う」ことを意味している．したがって，このような場合,「還元剤は電子供与体」である．

問5　(2・17) 式に表2・6に示したGとHの電子活量$p\varepsilon$の値を代入すると

$$\Delta G^{\circ} = -5.707 \times \{-4.68 - (-8.20)\} = -20.1 \text{〔kJ/mol〕}$$

である．しかしこれは，電子1モルが授受されるとき，すなわち，1/6モルのN_2が固定されるときのギブス自由エネルギー変化量（ΔG°）なので，窒素ガス（N_2）が1モル固定されるときのギブス自由エネルギー変化量は

$$\Delta G^{\circ} = -20.1 \times 6 = -120.6 \text{〔kJ〕}$$

となる．なお，このようにΔG°は負の値なので，この反応は「熱力学的に可能」であり「自発的に進行する」といえる．

3章

問1　我が国の河川などの公共用水域における水質の監視は，主として国や地方自治体の機関が行い，多くは刊行物やインターネットで公表されている．なお，これらの水質の測定頻度は年12回（月1回）か，それ以下であるので，降水によって増水したときの水質は異常値とされ，含まれていないものが多い．また，近年は合理化や効率化などの影響もあり，こうした測定が外注されたり測定頻度が減少したりする場合もある．

問2　BODやSSなどの「75％値」とは，ある地点の年間の測定値を低い方から順に並べたときの75％に相当する値，すなわち「75％非超過確率水質値」を意味している．これは，河川流量について，年間の75％がこれを下回らない流量を「低水流量」とし，このような希釈効果の小さいときの水質が，環境保全上問題であるとする考えによっている．

問3　20℃の飽和溶存酸素濃度は8.8 mg/Lであるが，水中の好気性微生物は，溶存酸素が低下すると活動が阻害される．このため，BODの測定では，5日間培養期間中の酸素消費量が，多くても5 mg/L程度とする必要がある．したがって，30〔mg/L〕/5〔mg/L〕= 6〔倍〕となるが，安全を考えて，これよりも少し大きめの希釈倍率が望

ましい.

問4　比色法では，水サンプルに試薬を入れて発色させ，その色の濃さを測定する．この色の濃さは，特定の波長の光をサンプルに当てたときの，サンプルを通過してきた光の強さから計算される．このことは，サンプルの色の濃さが，サンプル内で吸収された光の強さと一定の関係にあることを利用している．したがって，ろ過されていないサンプルを用いると，サンプル内に存在する懸濁物質が光を散乱させて通過を妨害するため，光の吸収を正確に測定することができない.

問5　湖沼などの閉鎖性水域の表層では，夏季になると十分な日光と水温の上昇を得て，プランクトンが増殖する．しかしプランクトンの寿命は短いので，死骸が湖底に堆積し，底部ではこれらの死骸がバクテリアなどによって分解される．こうした分解の多くは好気的呼吸で，また，夏季の湖水は表層と底層の間の循環にとぼしいので，底部の溶存酸素は次第に減少し，酸化還元電位が低下する．このように嫌気化が進むと，底部の泥に多く含まれる鉄が還元される．すなわち，3価の鉄（Fe^{3+}）が2価の鉄（Fe^{2+}）になる（図2・8）．鉄は，3価の状態では$FePO_4$として沈殿するが（図6・12，表6・7参照），還元されて2価の状態になるとFe^{2+}とPO_4^{3-}に遊離する．そのため，湖沼などの閉鎖性水域では，夏季になると，しばしば底層でのリン酸濃度が上昇する現象がみられる.

4章

問1　窒素固定能のある根粒菌を利用した農地の肥沃度向上の例として，水田のレンゲが挙げられる．これは，稲刈り後の水田をレンゲ畑にし，翌年の田植え前に，このレンゲを土に鋤き込むことによって，根粒菌が固定した窒素を農地に供給しようとするものである．かつては水田一面に咲きそろったレンゲ畑の風景は，我が国の早春の風物詩であったが，近年はこうした光景を見ることは少なくなりつつある.

問2　リン鉱石には，火成鉱床のリン灰石と，化石質鉱床の海成リン鉱石がある．リン灰石は，地下深くのマグマに含まれていたリン酸が化学変化によって固化したもので，ロシアに大規模なものがある．一方，海成リン鉱石は，古代の動植物やプランクトンの死骸が深海に堆積し，それに含まれるリンが固化し，これが地殻の変動によって陸上に出てきたものである．現在生産されているリン鉱石の多くは，この海成リン鉱石である．

問3　我が国の窒素とリンの物質フローについては，さまざまな報告があるが，その値は報告によってかなり異なっている場合が多い．これは，物質フローの計算をする前提条件（たとえば，食生活→畜産の物質フローに含まれる窒素やリンの含有量を何%とするかなど）が，報告によって異なっていることによる．なお，近年は，農地面積の減少のほか，環境に配慮した農業のひろがりなどもあり，肥料として農地に投入される窒素とリンの量は減少傾向にある．

5章

問1　「予防原則」とは，環境影響の因果関係やメカニズムについて，完全な科学的確実性がなくても，深刻な被害をもたらすと考えられる場合には，対策を遅らせてはならないとする考え方である．この考え方は，ウィーン条約（1985年）やモントリオール議定書（1987年）において用いられ，オゾン層の保護に関する取決めなどが定められた．なお，我が国では「生物多様性基本法（2008年）」などにこの考え方が盛り込まれている．

問2　最も大きな差異は，「健康項目」では同じ基準（濃度）がすべての公共用水域について一律に適用されるが，「生活環境項目」では河川，湖沼，海域の個別水域に類型をわりあて，適用される基準（濃度）が水域によって異なる点にある．

問3　水質汚濁防止法において「排出水」とは，「特定施設を設置する工場又は事業場から公共用水域に排出される水」と定義されている．また，「汚水等」とは，「特定施設から排出される汚水又は廃液」と定義されている．ただし，汚水と廃液の区別は明確ではない．

問4　水質汚濁防止法の30条～35条には，さまざまな罰則が規定されている．たとえば，特定事業場の事故時の措置では，都道府県知事の措置命令に違反した場合は，6ヶ月以下の懲役または50万円以下の罰金が科せられている．しかし，生活排水に関しては，こうした罰則規定はない．

問5　環境アセスメントの対象事業には，第一種事業と第二種事業がある．第一種事業では，すべての事業で環境アセスメントが実施されるが，第二種事業では，環境アセスメントが必要であるかどうかを選別し（スクリーニング），必要な事業のみについて環境アセスメントが実施される．なお，第一種事業は，高速道路や新幹線などの大規模事業のほか，たとえば，「10 km 以上の普通鉄道」や「100 ha 以上の土地区画整理事業」などがある．一方，第二種事業の多くは，これらの長さや面積が 75％以上 100％未満のものとされている．

6章

問1　表6・2より，窒素原単位は 11 g 人$^{-1}$d^{-1} なので

$$10\,000\,人 \times 11\,〔g\,人^{-1}d^{-1}〕\times 365 = 110\,〔kg\,d^{-1}〕\times 365 = 40.15\,〔t\,y^{-1}〕$$

である．

問2　10 年前の放流負荷量について計算すると

2 次処理：$11\,〔g\,人^{-1}d^{-1}〕\times 8\,000 \times (1-0.4) = 52.8\,〔kg\,d^{-1}〕$

3 次処理：$11\,〔g\,人^{-1}d^{-1}〕\times 2\,000 \times (1-0.7) = 6.6\,〔kg\,d^{-1}〕$

となり，合計 = 59.4〔kg d^{-1}〕である．

一方，10 年後の放流負荷量では

2 次処理：$11\,〔g\,人^{-1}d^{-1}〕\times 5\,000 \times (1-0.4) = 33.0\,〔kg\,d^{-1}〕$

3 次処理：$11\,〔g\,人^{-1}d^{-1}〕\times 7\,000 \times (1-0.7) = 23.1\,〔kg\,d^{-1}〕$

で合計 = 56.1〔kg d^{-1}〕である．

したがって，10 年間で減少した窒素量は

$$59.4 - 56.1 = 3.3\,〔kg\,d^{-1}〕$$

となる．この都市では 10 年間で 3 次処理人口が 5 000 人増えたが，都市全体の人口増加もあるので減少した窒素負荷量は 3.3 kg d^{-1} と意外に少ない．

問3　MLSS とは mixed liquor suspended solid の略で，曝気槽中の活性汚泥量を表し，混合液 1 L 中の活性汚泥の乾燥重量〔mg/L〕で表す．

問4　汚泥滞留時間（sludge retention time：SRT）とは，処理工程内での汚泥の滞留時間を意味している．これは，[曝気槽，沈殿槽，汚泥輸送管などに存在する汚泥量]/[余剰汚泥の引き抜き量］として計算され，通常は 3 ～ 7 日である．なお，曝気槽の

みを対象とした滞留時間を「汚泥日齢（sludge age）」といい，汚泥滞留時間より若干短くなる．

問5 4章の（4・1）式より，NH_4^+ 1モルを酸化して硝酸にするには2モルの O_2（すなわち4モルのO）が必要である．Nの原子量は14，Oの原子量は16なので，4×16/14＝4.57，すなわち，アンモニア中の窒素1 kgを硝酸に酸化するには，4.57 kgの酸素が必要である．

7章

問1 まず，1 haの土地から流出する年間の水量を計算すると，流出高（1章の問2参照）1 200 mmは1.2 mなので

$$1.2\ [\mathrm{m}] \times 100\ [\mathrm{m}] \times 100\ [\mathrm{m}] = 1.2 \times 10^4\ [\mathrm{m}^3]$$

すなわち，1.2×10^7〔L〕となる．

したがって負荷量は

$$0.5\ [\mathrm{mg/L}] \times 1.2 \times 10^7\ [\mathrm{L}] = 6.0 \times 10^6\ [\mathrm{mg}] = 6.0\ [\mathrm{kg}]$$

である．ここでは1 haの土地を考えていたので，求める負荷量は6.0 kg/haとなる．

問2 問1の例では

$$6.0\ [\mathrm{kg/ha}] = [\text{単位換算係数}] \times 0.5\ [\mathrm{mg/L}] \times 1\,200\ [\mathrm{mm}]$$

の関係がある．したがって，［単位換算係数］は1/100である．

この例は，年間の負荷量の計算であるが，式の両辺で対象とする時間（期間）が同じであれば，同様に考えることができる．したがって，水質〔mg/L〕と水量〔mm〕から負荷量〔kg/ha〕を計算するときの［単位換算係数］は1/100となり，これは多くの場合で用いることのできる便利な数値である．

問3 与えられた数値を使って（7・6）式の差し引き排出負荷量を計算すると，次のようになる．すなわち

$$\text{地表排出負荷量} = 1/100 \times 3\ [\mathrm{mg/L}] \times 1\,500\ [\mathrm{mm}] = 45.0\ [\mathrm{kg/ha}]$$

$$\text{浸透排出負荷量} = 1/100 \times 1\ [\mathrm{mg/L}] \times 500\ [\mathrm{mm}] = 5.0\ [\mathrm{kg/ha}]$$

$$\text{降水負荷量} = 1/100 \times 1\ [\mathrm{mg/L}] \times 900\ [\mathrm{mm}] = 9.0\ [\mathrm{kg/ha}]$$

$$\text{用水負荷量} = 1/100 \times 2\ [\mathrm{mg/L}] \times 1\,700\ [\mathrm{mm}] = 34.0\ [\mathrm{kg/ha}]$$

である．したがって

差し引き排出負荷量 = (45.0 + 5.0) − (9.0 + 34.0) = 7.0〔kg/ha〕

となる．これより，差し引き排出負荷量がプラス（アウトプット>インプット）なので，この水田は汚濁源として機能したことになる．なお，ここでは水質の平均値を用いた概算であったが，実際の計算では，多数の測定値を用いて負荷量を計算することとなる．

問 4 「植物体に利用可能な無機態窒素になりうる易分解性の有機態窒素」は，「可給態窒素」として測定される．すなわち，湛水状態にした土壌を 30 ℃ で 4 週間培養し，その後，この土壌を塩化カリウム溶液でかく拌したときに溶け出すアンモニアの量として定量される．これは，土壌微生物の活動に好適な条件を与えたときの，土壌から溶け出してくる無機態の窒素量を表している．

問 5 「植物に利用可能な画分である可給態リン酸」は，土壌を抽出液に入れて一定時間かく拌し，抽出液に溶け出してくるリン酸の量として定量される．ここで抽出液には，硫酸（トルオーグ法），塩酸（ブレイ第二法），重炭酸ナトリウム（オルセン法）などがある．なお，可給態リン酸は，慣行的に乾燥土壌 100 g 当たりの固形リン酸量〔mg P_2O_5/100 g 乾土〕として表示される．

8章

問 1 (8・1) 式によって表される酸素消費量を積分すると (8・2) 式となるので，48 時間後（$t = 2$〔d〕）の L は，$L_0 = 8$〔mg/L〕として

$$L = 8 \times e^{-0.3 \times 2} = 4.39 \text{〔mg/L〕}$$

となる．したがって，消費される酸素量は

$$8 \text{〔mg/L〕} - 4.39 \text{〔mg/l〕} = 3.61 \text{〔mg/L〕}$$

となる．

問 2 (8・7) 式の両辺の対数をとると，$\log(L) = \log(a \cdot Q^b)$ となり，これは，$\log(L) = b \cdot \log(Q) + \log(a)$ と書ける．いま，$x = \log(Q)$，$y = \log(L)$，$A = \log(a)$ とすると，この式は，$y = b \cdot x + A$ となり，これは傾き b，切片 A の直線のグラフを表している．このため，(8・7) 式は両対数グラフでは直線として表される．

問3　問2のように，bの値は両対数軸上での（8・7）式の傾きを表している．いま，$b=1$とすると，（8・7）式は$L=a \cdot Q$なので，この式は原点を通る直線になる．そして，負荷量Lは$C \cdot Q$（Cは水質濃度）として計算されるので，この場合は流量が増加しても水質濃度は一定であることを示している．また，$b<1$とすると，流量Qが多いときの負荷量Lは，上述の$L=a \cdot Q$の直線よりも小さくなる．したがって，流量増加に伴って水質濃度が低下する，すなわち希釈されることを意味している．実際には，NH_4^+やNO_3^-などのイオン物質でこうした現象がみられることが多い．一方$b>1$とすると，流量Qが多いときの負荷量Lは$L=a \cdot Q$の直線よりも大きくなる．したがって，流量増加に伴って水質濃度が上昇することを意味している．実際には，T－N，T－P，COD，SSなどの懸濁物質を含む水質項目でこうした現象がみられることが多い．

9章

略

あとがき
― 水と人間の未来 ―

本書では，水と水質環境に関する「自然のしくみ」と「社会のしくみ」を，水質指標や法的規制，それに生活排水などのさまざまな観点から見てきた．そして，これらの中には，意外とわからないことが多いことに気づかされた．たとえば，普段私たちがよく耳にする水質指標は，水のある一面の性質のみを表したものであるし，いくつかのあいまいさを含むものでもあった．また，面源と呼ばれる，流域の中で特定しがたい汚染源については，現在でもブラックボックスという扱いを受けている状況であった．

古代インドのウパニシャッドの書物には，こんな一節があるという，「天地のはざまで魂は，岩石の中で眠り，植物の中で目覚め，動物の中で歩き，人間の中で思惟する」と．そして，著者は河川を中心とした水質調査を続けていて，時としてこんなふうに思うことがある，「水の中ではささやいている」と．考えるに，現代人は，水と水質に関するさまざまな問題を抱え，技術の粋を尽くして水と闘っているようにも見える．そして，私たちは水のことを理解しようとすればするほど，水についての無知を思い知らされているようでもある．山積する問題を解決するには，私たちは耳をすまして，もっと水のささやきを理解しようとしなければならないのかもしれない．

水質に限らず環境問題には，古くから「環境論者」と「開発論者」とに分離しようとする二項対立の構図があった．これは，たとえば，ある開発計画に対して，「環境論者」は環境破壊のみを声高に叫んでいるといわれ，「開発論者」は，それではあなたたちは石器時代に戻るのかと問う．これは問題を極度に単純化したやり方で，いたずらに解決の糸口を見えなくしているように思える．つまり，開発と環境のバランスが重要であって，言葉を換えるならば，「利便性の追求」と「環境の保全」という相矛盾する概念を，いかにバランスさせるかにかかっている．そして，私たちは新しい世紀を迎えて，これまでのバランスを，本気で考え直さなければならない時に来ている．欲望を極力排除し，仙人の仲間入りをするには，私たちは世俗に染まりすぎているし，非現実的である．しかしながら，これまでの「大量生産・大量消費」に代表されるような，いわば欲望追求型のライフスタイルが成り立たなくなったことは，ほぼ誰もが認めるところであろう．したがって，この新しい世紀には，どこかで欲望を抑えつつ，それでいて社会の活力が維持され，経済も成長するような，新しい「社会のしくみ」を考えなくてはならない．水と水質に関する「自然のしくみ」のいくつかは，本書で示したとおりであり，多くは人為的に変更できないものであろう．

水はいうまでもなく，人間を含めた生物にとってかけがえのない資源である．したがって，本書でとりあげた水と水質に関するさまざまな問題に無縁でいられる人はいない．その意味でも，一人ひとりの行動と意識が，これからの水と人間の未来を決めていくことになる．

本書が，こうしたことを考える上でのきっかけとなることができれば，著者としては望外の喜びである．

ここまでは2001年版のままで，著者としては特に違和感はないのであるが，大学教員として30年余りが経過したこともあり，少し追加したい．

著者は本書の1章を下敷きとして大教室で一般教養の授業を担当しているが(もちろん教科書には指定していないが)，学期の終わりに「あなたが大学で学ぶ意味は？」と問うている．そうすると予想通り「専門知識を得るため」「就職のため」「資格のため」などの回答が多い．たしかにその通りだが，著者として期待するのは「自分の座標軸をもつ」だ．それには教養と想像力が必要と思うのだが，水環境に関しても口当たりの良い情報や流されやすいメッセージがそれなりにあるように思える．本書を読んでみて，あるいは本書の内容を基に調べてみて，どんな発見があっただろうか．とはいえ，本書を紐解いていただいたことに，ただただ感謝である．

索　引

アルファベット

ア　行

カ　行

サ　行

タ　行

ナ　行

ハ　行

マ　行

ヤ　行

ラ　行

〈著者略歴〉
武田育郎（たけだ　いくお）
1990 年　京都大学大学院農学研究科博士課程中退
1992 年　農学博士
2000 年　水質関係第 1 種公害防止管理者
2003 年　技術士（農業部門）
現　在　島根大学生物資源科学部　教授

よくわかる水環境と水質（改訂 2 版）

2010 年 9 月 5 日　第 1 版第 1 刷発行
2024 年 11 月 5 日　改訂 2 版第 1 刷発行

著　者　武 田 育 郎
発行者　村 上 和 夫
発行所　株式会社 オーム社
郵便番号　101-8460
東京都千代田区神田錦町 3-1
電話　03(3233)0641(代表)
URL https://www.ohmsha.co.jp/

組版　新生社　　印刷・製本　三美印刷
ISBN978-4-274-23281-7　Printed in Japan

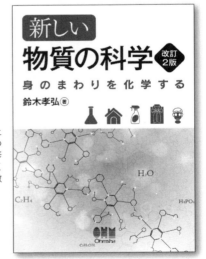